野菜作り「コツ」の科学

種菜の趣味科學

120則最實用的種菜QA X 超過400張圖解，
了解種菜豐收、美味的關鍵

明治大學黑川農場特任教授
佐倉 朗夫／著
蔡麗蓉／譯 陳坤燦／審訂

掌握訣竅，味道與收成量就會提升

種菜樂趣多又多

種菜會被蔬菜成長的模樣給療癒，適度的勞力工作能暢快流汗，而且每次都能有新的發現，樂趣多又多。不過最大的樂趣，還是能夠吃到現採的新鮮蔬菜。

但是，想要種出美味的蔬菜，必須遵守種菜的基本原則，還要了解每種蔬菜的種法＝祕訣。現在經由前人的努力之下，已能依據不同的蔬菜種類，推敲出有科學根據又合理的栽培方法，只要了解原理，就能掌握訣竅，因此人人都能成為種菜達人。而且既然都要自己親手種菜了，更應以種出安全安心，又能兼顧自然環境的蔬菜為目標。

蔬菜通常依種類，以數株以上的方式集體栽培，每一種蔬菜的種法都不相同。而且菜園裡除了蔬菜之外，還存在著各式各樣的生物，彼此會相互影響。雖然肉眼看不見，但是植物的根以及微生物的菌絲，會在泥土中呈網狀結構連結在一起。像這種土壤中的網狀結構，將成為培育植物的力量，激發植物向外生長的能力，植物才能自然地生長茁壯。

反觀在地上的部分，包含昆蟲等形形色色的蟲，都會聚集在植物上。牠們會運送花粉協助授粉，肉食性的昆蟲則有助於吃掉躲在植物上的草食性昆蟲。這些蟲在雜草及蔬菜間四處活動（飛舞）的軌跡，看起來也像是以植物為中心點的網狀結構。碳及氮等營養成分，也會藉由這種地上空間與地下空間所形成的連結進行循環，植物便能生存在其中，維持生命體、永續發展族群。在這種環境下長大的蔬菜，不但健康，而且耐病蟲害，收成量也會提升，因此樂趣將會倍增。

畢竟要迎合大自然生態，多少會有一些困難度，可能也需要花費一點時間。但是能夠樂在其中，正是家庭菜園種菜的魅力。

佐倉朗夫

「種菜最大的祕訣」，
就是不能讓地裸露

種菜的流程

種菜首重基本原則。從整地開始，到播種植苗乃至於收成為止，須歷經各式各樣的作業。雖然不加以理會植物還是會自己長出來，但是適時進行適度作業的話，蔬菜會更美味，收成量也會變更多。

【整頓菜圃】

養土非常重要，改良成優質土壤，才能長出健康的蔬菜，因此每年都需要進行土壤改良。

耕田

翻土耕田，使必需的基肥及堆肥翻犁入土。

→ p.048

作畦

打造田畦，方便蔬菜生長。

→ p.052

【從菜圃播種開始種菜：小蕪菁】

播種為種菜的基本作業。可一次大量收成。

※ 作業內容、順序、次數視蔬菜種類及成長情形而異。

播種

每種蔬菜適合的播種方式各不相同。

→ p.056

疏苗

幼苗會彼此競爭，藉由疏苗作業，使蔬菜生長得更好。

→ p.074

3

培土

雖然單調，卻是很重要的作業。

→ p.082

4

中耕

多用點心，往後蔬菜會長得愈好。

→ p.081

5

疏苗收成

蕪菁或葉菜類蔬菜長到一定程度之後，即可直接採收。

→ p.087

6

收成

小心地收成。

→ p.087

7

整土、土壤改良

處理殘體（收成後遺留下來的莖、葉及根等等）並改良土壤，以備下一回合的栽培。

→ p.102

從菜圃植苗開始種菜：番茄

大型蔬菜以及需要花時間育苗的蔬菜，應從幼苗開始種起。
※ 作業內容、順序、次數視蔬菜種類及成長情形而異。

1 植苗

選擇健康的幼苗並適時栽種。
→ p.066

2 立支架

立支架使作物能有效率地長成。
→ p.084

3 誘引

固定枝幹或藤蔓，協助蔬菜成長。
→ p.081

4 摘芽

使養分集中在主枝。
→ p.081

5 鋪上稻草、撒上米糠

幫助蔬菜健康成長。
→ p.080

6 人工授粉

協助授粉，以便結實。
→ p.086

以番茄為例，須輕輕拍打花朵並加以搖晃。

7

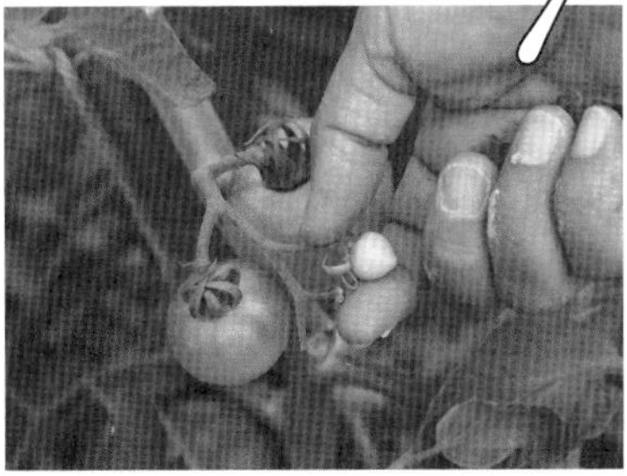

疏果

使養分集中。
→ p.081

8

收成

適時收成享用成果。
→ p.087

9

摘心

摘除新梢嫩芽，抑制蔬菜繼續長高。
→ p.081

追肥、中耕

補充肥料，藉由中耕為泥土送進新鮮空氣。
→ p.079、P.081

10

摘下葉

去除病蟲害的二次感染源，
改善通風。
→ p.081

11

12

收成

現採的蔬菜最美味，但是有些蔬菜須後熟後才會變好吃。
→ p.087

13 整土

處理殘體並改良土壤，以備下一回合的栽培。
→ p.102

用盆器種菜：小松菜

用盆器種菜就能在沒有土地的地方
享受種菜的樂趣。
※ 作業內容、順序、次數視蔬菜種
類及成長情形而異。

1

準備

備妥盆器、培養土、種子或幼苗等必要物品。
→ p.040

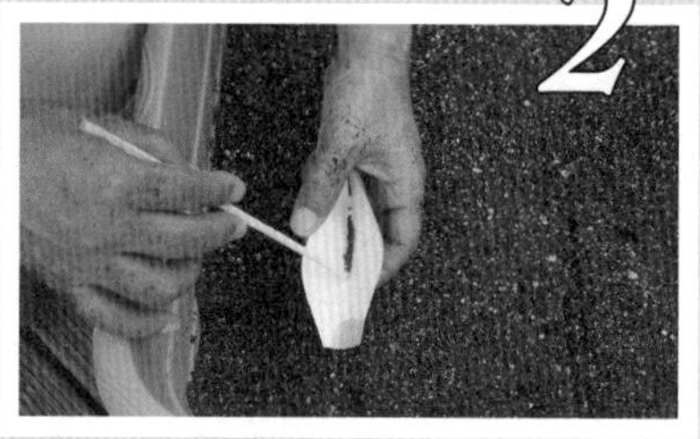

2

播種、植苗

基本上與在菜圃裡的栽培方式一樣。
→ p.056、P.066

3

澆水

每天都要細心澆水。
→ p.068

疏苗與培土

重要的基本作業，須一起進行。
→ p.074

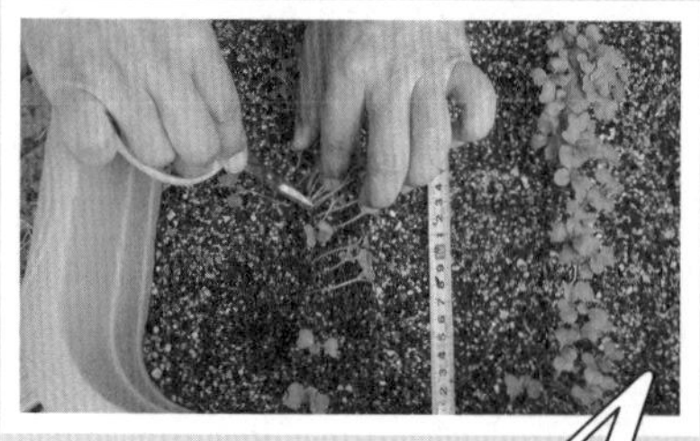

4

病蟲害防治

利用防寒紗等工具覆蓋整個盆器，防止害蟲飛來。
→ p.098

5

6

收成

適時收成。
→ p.087

7

整土與回收

準備下一回合的栽培，土也能考慮再次利用。
→ p.050

Contents

Chapter 2

種菜的準備工作與基礎工作

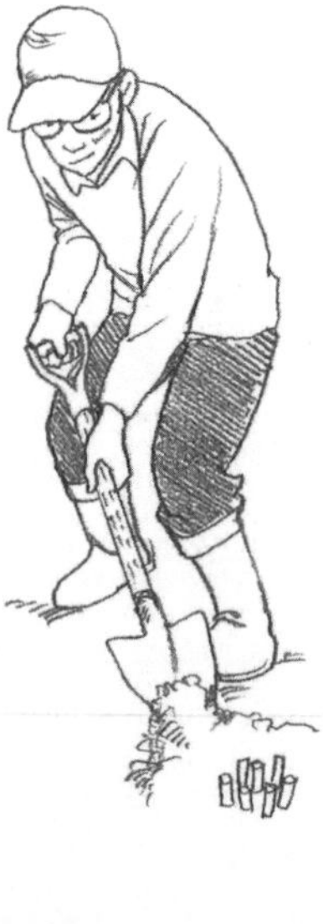

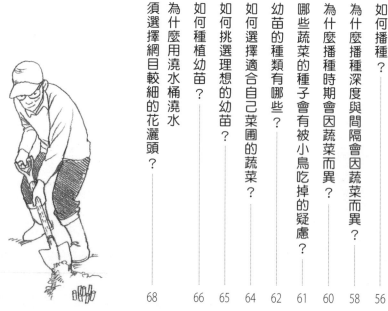

Chapter 3 各種蔬菜的培育重點

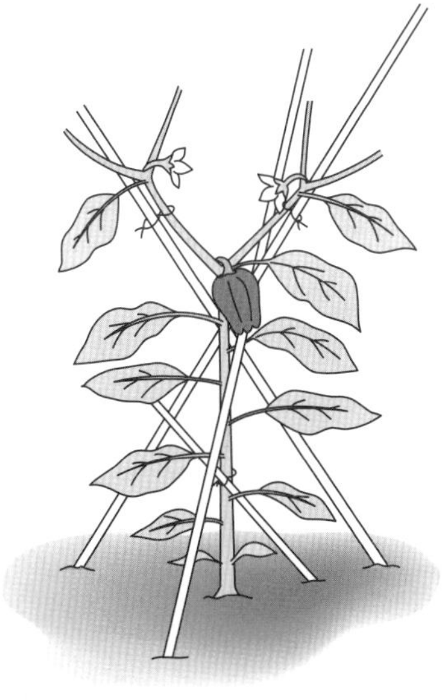

Chapter 4

用有機無農藥栽培種出安全又安心的蔬菜

本書刊載之栽培資訊等內容，以日北關東平原地區的栽培狀況為準，台灣需斟酌延後。此外，本書刊載內容以2018年6月底的現況為準。

Chapter 1

了解蔬菜

就算是已經很懂如何種菜的人，
恐怕也不太了解蔬菜。
在種菜之前，
先來了解一下蔬菜相關知識吧！

Q 究竟何謂蔬菜？

A 主要是指可供食用的「草本植物」。

所謂蔬菜，意指「用來食用的草本植物、綠色植物之總稱」（摘錄自廣辭苑），另外也有人將蔬菜解釋成「柔軟且帶大量水分，在新鮮狀態下用來當作副食的草本植物」（摘錄自鈴木芳夫等人所著的《野菜栽培の基礎》）。總而言之，**蔬菜是大家習慣食用的草本植物之總稱，原本屬於野生植物，後來才演變成農作物。**

江戶時代的農業書籍《農業全書》中，便已使用「穀」、「菜」、「菓」來稱呼食用的農產品。「菜」指的是蔬菜，被歸為「草」的水草、野草、山草則被排除在外，總而言之，嚴格來說「蔬菜就是在田裡種出來當作食物的草本植物」。另外在「穀」（意指穀物，包含水稻、小麥、玉米等等）的分類方面，則意指「屬於草本植物的根、莖、葉、花、果實等部分，可供生食或經料理後食用」。

各式各樣採收下來的蔬菜

一般人總想在家庭菜園裡挑戰種植多種蔬菜。

Q 蔬菜總共有幾種？

A 全世界目前能夠利用的蔬菜逾800種。

在《園藝學用語集・作物名編－園藝學會編－》（養賢堂出版，2005年）一書中所記載的蔬菜名稱，扣除蕈菇類共計約260種；但是依據《野菜栽培の基礎》（鈴木芳夫等人著作，農山漁村文化協會出版，2000年）一書所言，**全世界目前能夠利用的蔬菜逾800種。**

目前出現在日本市面上的蔬菜種類，約有一百數十種，這些蔬菜除了用作料理中的主角之外，還包含香草類、芽菜類、辛香類（增加香氣及辣味的蔬菜）等用來凸顯料理風味，使餐桌更豐富的素材。這一百數十種的蔬菜，絕大多數都是在外國改良成農作物後，再傳入日本的外來種，並在引進日本後繼續發展，分化成許多品種。**原生於日本的「日本原生蔬菜」，有蝦夷蔥、獨活、山椒、水芹、蜂斗菜、鴨兒芹、蘘荷、山藥、百合、山葵等十幾種，其中並沒有現代主流的蔬菜。**

另外，日本農林水產省有指定幾種主要蔬菜，尤其是消費量多，且流通量及價格會對生活造成莫大影響的蔬菜，討論相關的施策重點以期穩定供給，被指定的蔬菜，共有小黃瓜、高麗菜、芋頭、蘿蔔、洋蔥、番茄、茄子、紅蘿蔔、青蔥、白菜、青椒、馬鈴薯、菠菜、萵苣等14品項，稱之為「指定蔬菜」。

但是全世界仍有許多蔬菜，是我們聞所未聞的。

Q 蔬菜如何分類？

A 蔬菜在植物分類屬「草本植物」，但分類會依生產、栽培及流通方式而異。

許多蔬菜在植物分類當中，皆屬於「草本植物」；但在植物學的分類方式上，主要會針對花的構造，將相同種類歸為一組。科學分類的最小單位稱作種，再依屬、科、目、綱、門的順序擴大分組（最近另有新的分類手法，由染色體組分析編列分類體系）。同科的植物，會發現很多都有共同的病蟲害，或是生理及生態等栽培層面的性質類似，因此一般在研究及開發栽培技術時，會依據蔬菜所屬的科加以分類。

只是「蔬菜」並非植物學上的分類用詞，而是在使用、生產及栽培時的用詞。使用蔬菜，或是為了使用蔬菜進行流通時，一般會以用於食用的部分進行分類。具體來說，使用地上部分，包含葉、莖、花、蕾的蔬菜，稱作「葉菜類」；使用果實的蔬菜，稱作「瓜果類」；使用地下部分，也就是根或地下莖的蔬菜，稱之為「根莖類」，基本上共有這3種分類。

但在交易蔬菜種類占日本全國最為多彩多姿的東京都中央批發市場裡，則是將瓜果類當中的蠶豆、毛豆等，權宜性地歸類為「豆科蔬菜類」；根莖類當中的地瓜、芋頭、山藥等，歸類為「薯類」；葉菜類當中的山葵、紫蘇、香草類等，歸類為「辛香配料類」。在農林水產省的市場統計中，豆類與薯類的分類方式與東京批發市場相同，不過葉菜類當中的西洋芹、青花菜、白花菜等，則區分成「洋菜類」來加以分類。

蔬菜的分類

辛香類 羅勒等等

草莓、西瓜、哈蜜瓜等究竟為蔬菜或水果，將視使用狀況及目的而異。

豆莢類 豌豆等等

洋菜類 白花菜等等

根莖類 蓮藕等等

瓜果類 茄子等等

葉菜類 京都水菜等等

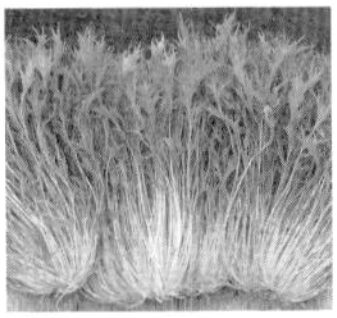

薯類 地瓜等等

究竟屬於蔬菜類或水果類，各家見解分歧的則有草莓、哈蜜瓜、西瓜，在園藝學被視為蔬菜，但在農木水產省的生產、農業經營相關統計上，則被分類於蔬菜類中；另外在批發市場以及市場統計方面，則被歸類為水果。究竟蔬菜與水果有何差別呢？

蔬菜為每一年播種或植苗後開始栽培並收成，屬於一年生的草本植物；反觀水果則是長成樹後，可以好幾年收成果實的多年生木本植物。因此園藝學及蔬菜栽培學，將哈蜜瓜及西瓜等一年生的草本植物視為蔬菜，但在食物用途上屬於水果，因此市場及商店才會歸類為水果；而草莓為薔薇科的多年生草本植物，每年須從育苗移植開始栽培，因此在園藝學及蔬菜栽培學上視為蔬菜，但在市場及商店則歸類為水果。就像這樣，蔬菜會依狀況，並視目的加以分類。

另外像是酪梨、青木瓜等常用於沙拉或料理當中，因此容易被聯想成蔬菜，但其實屬於木本植物，所以算是水果。

Q 蔬菜如何求生存？

A 經動物食用後將基因流傳後世。

我們作為食物吃下肚的部分，是各種蔬菜（草本植物）為了將基因留傳下一代，用來「儲存營養成分的部分」。

生物為了留下更多資源給下一代，會朝向繁榮「種族」的方向保全生命。許多草本植物繁衍的策略，就是開花結籽，再使其擴散，這種繁衍方式稱作「種子繁殖」；擴散的方法則分成讓動物食用等依靠動物擴散的方法，以及不依賴動物而是經由彈飛後透過風及水運送的方法。

需要經動物食用果實的蔬菜，會讓果實壯大，使果實能被動物食用，歸類於瓜果類；反觀不依靠動物，而是透過種子散布繁衍的植物，則需要養分結成充實種子，也需要養分用作彈飛種子的能量，所以會將這些養分蓄積於根部的，屬於根莖類。因此有些蔬菜會食用果實的部分，有些蔬菜會食用根部，就是**因為蔬菜為了繁衍子孫而將營養成分儲存於不同地方，所以我們食用的部分才會不同。**

許多果實成熟後，會變成紅色或黃色等醒目色彩，這也與動物食用的習慣有所關聯，因為動物會藉由顏色判斷果實內部的種子是否成熟，再加以食用。

例如蓮藕等根莖類，早在根的養分用於結籽或成熟前就會採收下來，因此並不會結籽；這對蔬菜來說，並無助於種子的擴散，因此栽培這類的人為行為，也稱不上是在存續種子或擴散種子。

蔬菜的功效

營養	功效	內含大量此營養素的蔬菜
胡蘿蔔素	補充體內不足的維生素 A。維生素 A 能維持眼睛及皮膚的健康，還具有抗氧化作用。	紫蘇、埃及帝王菜、紅蘿蔔、香芹、茼蒿
維生素 B1	具有將醣類轉換成能量的作用。具備恢復疲勞的功效。	花生、豌豆、毛豆、蠶豆、蒜頭
維生素 B2	促進脂質代謝。一旦缺乏，將出現倦怠及焦躁現象。	埃及帝王菜、辣椒、紫蘇、油菜花、芥菜
維生素 C	可抑制黑斑、雀斑，有助於皮膚及血管的生成。	紅甜椒、抱子甘藍、黃甜椒、香芹、青花菜
維生素 E	可抑制動脈硬化及老化，改善血液循環，有助於賀爾蒙的分泌。	花生、毛豆、辣椒、埃及帝王菜、南瓜
食物纖維	具有調整腸道菌叢的平衡、預防生活習慣病、預防肥胖、降低膽固醇等功效。	薤、豌豆、紫蘇、香芹、埃及帝王菜
鈣	有助於形成骨骼及牙齒，可穩定情緒。	香芹、埃及帝王菜、紫蘇、小松菜、皇宮菜
鐵	構成運送氧氣的血紅素，有助於產生能量。	香芹、小松菜、毛豆、蠶豆、菠菜

食用果實部分的蔬菜果實，與食用根部的蔬菜根部，二者擁有的成分也是各具特色，大略上可區分成食用果實的瓜果類內含大量維生素及礦物質，食用根部的根莖類通常內含大量的醣類等碳水化合物。

另外使番茄呈現紅色的番茄紅素，以及青椒內含的葉綠素、紅椒內含的辣椒紅素等色素，則肩負保護重要種子，避免過多氧氣及紫外線傷害的作用。另外有些蔬菜即便為根莖類，還是帶有色素，例如紅蘿蔔的紅色為番茄紅素、黃色為β-胡蘿蔔素，紅蕪菁則具有花青素（紫色）等色素；根莖類蔬菜非果實的根部會帶有色素，推測是為了避免碳水化合物氧化，因為碳水化合物是培育種子的關鍵成分。

葉菜類的食用部分為葉片，經人類栽培後，以種子的模式流傳後世。

Q 可生吃及不可生吃的蔬菜有何差別？

A 取決於蔬菜的營養素能否被人體消化。

日本人會生吃許多蔬菜，但是據說沙拉是在第二次世界大戰後才開始普及。背後雖然也關乎到衛生層面的問題，但推估是因為**蔬菜經品種改良後，得以生吃的蔬菜才與日俱增**。

只是**有些蔬菜因為人類消化能力的關係，並無法生吃，例如薯類便是其中之一**。人類在消化澱粉時，須加熱成糊化狀態，因此富含澱粉的薯類、甜玉米、南瓜及豆類，一般並不會生吃。

另外諸如茄子及竹筍等蔬菜，通常也不會生吃。蔬菜有時會內含某些成分，而這些成分會在味覺上造成不舒服的刺激感，例如我們會用嗆味、澀味、苦味等方式來形容，或是稱之為澀液。澀液成分會依蔬菜種類而異，主要為鎂、鉀及草酸，還有生物鹼、單寧等多酚；這些成分存在於蔬菜的細胞膜內側，單靠清洗並無法去除，得經氽燙破壞細胞後，才能去除澀液。

過去蔬菜被視為維生素、礦物質、食物纖維等營養成分供給來源，近年來因為具有抗氧化作用，因此大家對於維生素C及胡蘿蔔素的效用更是充滿期待。由這些觀點來看，**假使你想攝取維生素C的話，最好生吃蔬菜，因為維生素C容易溶於水且不耐加熱；倘若你著眼於攝取脂溶性的胡蘿蔔素，則建議加油拌炒，或是油炸後食用。**

Q 帶甜味及帶苦味的蔬菜有何差別？

A 帶甜味的蔬菜希望讓動物食用，帶苦味的蔬菜不希望被動物食用。

蔬菜的甜味，會視想不想被昆蟲或動物等生物食用而產生變化。

例如番茄、哈蜜瓜、草莓、西瓜等蔬菜具甜味，生吃很美味，但是竹筍、蕨菜等山菜則具有苦味及澀味，不能直接生吃。另外還有菠菜，近年來雖然出現了「沙拉菠菜」此一品種，但一般來說還是具有苦味，因此也無法生吃。

屬於植物的蔬菜，為保護自己免受昆蟲及外敵侵犯，有些會具有抗菌、殺蟲成分。但是種子需靠動物食用加以擴散，這和種族的永續和發展有關，因此包覆種子的果實當中，大多含有動物偏好的成分，例如瓜果類的蔬菜，我們一直食用的部分就是包覆種子的果實部分。只是即便為瓜果類，像是茄子及小黃瓜這類蔬菜，在尚未成熟時便將果實採收下來的話，有些還是會內含被稱作澀液的物質，而苦味、澀味、嗆味就是由這些物質所形成。

這些澀味是為了讓動物排斥去吃，所以成分包含了草酸、生物鹼及單寧類物質等等，含有大量攝取後會損害人體的成分，此外有時還會在烹調期間溶出，使料理的味道或顏色改變，甚至於影響身體消化吸收有益成分。

為了去除這類蔬菜有害身體的成分，並攝取其有益健康的成分，建議在料理前應先去除澀味。

Q 外觀好不好看會影響味道嗎？

A 形狀、顏色、大小好看，不保證一定好吃。

「形狀、顏色、大小恰當」，也就是外觀好看的蔬菜，與好不好吃一點關係也沒有。

味道一般來說，基本上可分成甜味、酸味、鹹味、苦味、鮮味、辣味、澀味，另外再加上香氣及口感等等。觀察味道的要素成分，大致可區分如下。

甜味＝糖、胺基酸、胜肽、蛋白質等等。
酸味＝有機酸及無機酸等等。
鹹味＝銨、鈉、鉀、鈣等等。
苦味＝生物鹼等等。
辣味＝辣椒等蔬菜的辣椒素、生薑的薑酮及薑辣素、十字花科蔬菜中的異硫氰酸酯等等。
澀味＝多酚等等。

這些成分都會影響味道，但是這些成分的含量多少，與蔬菜外觀並無關聯。不過**新鮮度及成熟度會影響構成味道的成分含量，因此適合每種蔬菜的熟度，加上新鮮度佳的話，蔬菜就會好吃。**成熟度及新鮮度與外觀顏色毫無關聯，並無法單靠顏色辨別，因此須藉由五感來挑選。

另一方面，**外觀上有蟲蛀或疾病傷痕的蔬菜，由於蔬菜會在體內製造出防禦物質，因此有時會嚐到強烈的苦味及澀味**，食用時須留意將這些部分去除。

Q 初學者容易種的蔬菜有哪些？

A 不開花，收成葉或根的蔬菜。

收成葉或根，且菜葉不需要結球的蔬菜最容易培育，這些蔬菜從播種到收成的時間短暫，屬於小型蔬菜，可整株採摘，最適合初學者。這類蔬菜只要氣溫合宜，直到收成期都能順利長成，因此只要掌握播種時期，就可以栽培成功，例如小松菜、蘿蔔（櫻桃蘿蔔）、寶貝菜、橡葉萵苣等蔬菜都很好種，只要在不需要擔心降霜問題的早春，以及過了盛夏之後的初秋播種，就一定能栽種成功。

這些都屬於十字花科或菊科的蔬菜，俗稱為葉菜類、根莖類；只是即便為葉菜類，十字花科的高麗菜以及菊科的結球萵苣便需要結球，因此門檻會稍微高一些。

初學者也容易種的蔬菜

❶ **最容易種**

葉菜類蔬菜……播種、植苗後，一邊疏苗一邊培育並收成。栽培期間短。例＝小松菜、西洋蘿蔔（櫻桃蘿蔔）、寶貝菜（生菜苗）、橡葉萵苣等等。

❷ **容易種**

根莖類……播種、植苗後，須疏苗、培土、培育再收成。也需注重養土作業。栽培期間較短。例＝西洋蘿蔔（櫻桃蘿蔔）、地瓜、紅蘿蔔等等。

❸ **稍有難度**

須結球的葉菜類……播種、植苗後，須疏苗、培土再收成。栽培期間稍長。例＝結球萵苣、高麗菜、白菜等等。

❹ **難度最高**

瓜果類……須開花結果的大型蔬菜，栽培期間長。植苗後須整枝（誘引）、交配授粉、收成。例＝番茄、哈蜜瓜、西瓜等等。

Q 怎麼種才能大豐收？

A 給予適當營養並正確管理，才能增加總生產量。

蔬菜的收成量，意指植物體上可供人類利用的部分之生產量。**單純讓這部分的收成量隨需求增加是很困難的事，所以應讓植物體整個變大變充實，增加整體的總生產量，提高收成物的分配比例，才能連帶增加收成量。**

總生產量的最大值，受該個體的基因主導，因此有時並無法藉由栽培方法明顯增加生產量，但是就和種出美味蔬菜的祕訣一樣，首重給予必需的營養。收成物的分配比例容易受栽培方法所影響，尤其是瓜果類及根莖類，非收成部分顯著成長，形成「徒生枝葉不開花結果」的狀態，就是因為過度施肥所引起；以番茄及地瓜等蔬菜為例，有時會出現莖葉成長旺盛但果實稀少，地瓜長得很小顆的情形，這樣一來，即便整體的物質生產量再多，收成量還是很少。

葉菜類方面不容易出現「徒生枝葉不開花結果」的現象，地上部分的物質生產量絕大部分即為收成量，因此增加收成量相對容易；如果無視美不美味等品質問題，只要增加施肥量（尤其是氮肥），收成量就會變多。

在蔬菜的物質生產方面，營養成分會轉變成澱粉或蛋白質等骨幹成分及儲存養分，基本的生成過程可用化學式來呈現。化學反應在生育適溫內愈高溫進展愈迅速，因此設置隧道棚或溫室栽培等栽培環境維持高溫，並增加肥料的話，在固定期間內的作物整體物質生產量就會增加，但是

考量品質的栽培技術思考方向

收成量與品質的關係示意圖

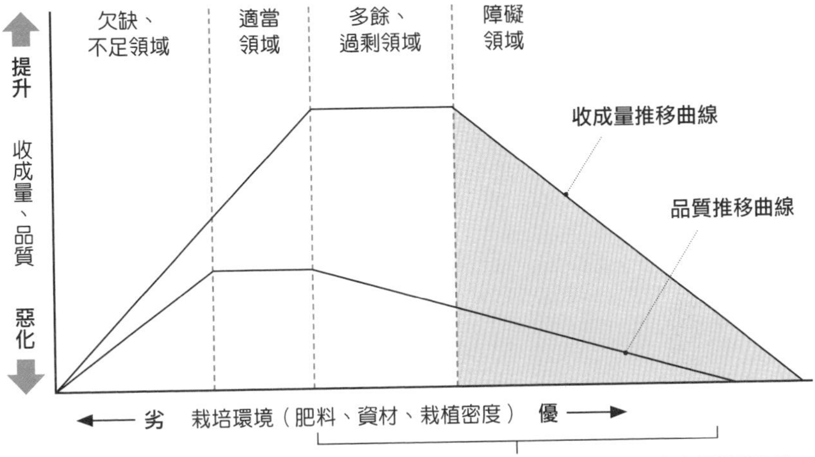

在這個範圍內並非藉由減少肥料降低收成量，而是著重於生產出優質農作物。

※引用：相馬曉著作的《品質アップの野菜施肥》（暫譯：提升蔬菜品質的施肥方式）（農文協出版）

這個方法很顯然是有極限的，馬上就會面臨「收穫遞減法則（想要增加生產，收成量卻反過來減少了）」。

想要獲得更多的收成量，另外還有一個選擇，那就是栽培更多的個體，但是只要栽培量增加，栽培所需的成本就會變高，花費在每一個體上的心力便會減少，因此整體收成量並不會單純的逐步高升。專業的農家，除了收穫遞減法則之外，還會考量到損益分歧點的問題，栽植密度與栽培規模如何取決，將成為農業經營的一大課題。

倘若前提是想打造家庭菜園，應以專業農家收成量的70～80％為參考依據，才能在品質優先下設定出妥當目標。因此與下一章節**種出美味蔬菜一樣，藉由培土蓄積土壤的潛在培育力後，才能搭配這些力量追求收成量，使家庭菜園的收成量也能不斷攀升。**

Q 種出美味蔬菜的祕訣有哪些？

A 採用適合蔬菜生長的栽培方式。

種出美味蔬菜的祕訣，就是讓蔬菜健康長大，因此首重讓蔬菜自然成長。蔬菜要能健康成長，在技術面分成栽培方式、栽培時期、品種、土壤、天候等要素，其中**栽培技術最關鍵的環節，就是品種與土壤**。

適合栽培蔬菜的土壤，其營養成分會存在於「土壤→生物→環境→土壤」這樣的循環當中，因此蔬菜才能吸收到適度的營養成分。在這樣的土壤裡頭，存在著各式各樣的微生物、小動物，還內含蔬菜等植物的根，各自形成共生共存的生態系統。只不過現實中想要營造出這樣的土壤並非容易之事，無法在一朝一夕下完成，可是只要努力培養出理想的土壤，相信大家就能逐步發現如何種出美味蔬菜的祕訣。

為了培育土壤裡原始的自然生態，外部提供的肥料須控制在最低限度，而且切記使用接近自然，也就是由有機物製成的肥料，只不過即便為有機肥料，過度施肥還是容易使蔬菜殘留嗆味及苦味，因此須特別留意。

堆肥的施用，也須從培育土壤中微生物的觀點做起。最理想的土壤為當地山林的土壤，年年利用樹木的落葉落枝，一步步蓄積充足的有機物。備妥具有植物培育力的土壤來種菜，蔬菜才能健康成長，種出美味的蔬菜。

另外品種也很重要，舉例來說，原生物種或是當地品種，就是在地方上從早期就一直持續種

蔬菜的耐濕性

極耐濕	芋頭、鴨兒芹、西洋芹、蜂斗菜、菾菜等等
普通耐濕	茄子、小黃瓜、豌豆、洋蔥、紅蘿蔔、茼蒿等等
不耐濕	地瓜、蔥、四季豆、番茄、西瓜、南瓜、菠菜、牛蒡、蠶豆、蘿蔔、白菜等等

蔬菜需要的日照光線

需要強光	茄子、蠶豆、毛豆、蘿蔔、紅蘿蔔、蕪菁、地瓜、馬鈴薯、山藥、小黃瓜、南瓜、西瓜、哈蜜瓜、番茄、玉米等等
耐半日陰	葉菜類、青蔥類、草莓、芋頭、薑等等
偏好弱光	水芹、鴨兒芹、蜂斗菜、蘘荷等等

種子包裝參閱方式

包裝袋上會詳盡記載蔬菜的資訊。

植物名稱等等

了解該植物的特徵。

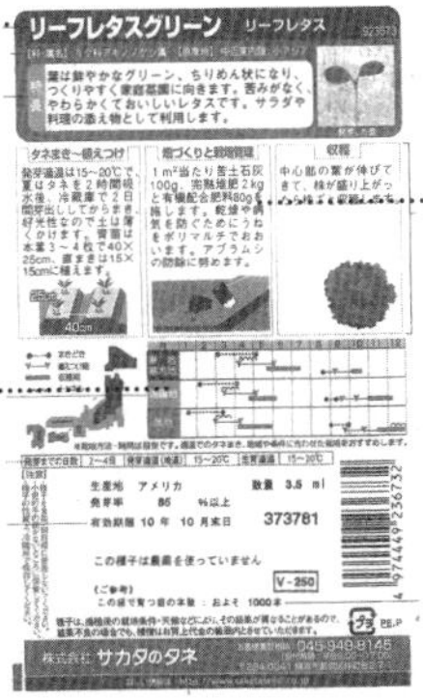

栽培曆

可了解何時該做什麼作業以及適溫等資訊。

播種方式以及管理方法

了解如何培育。

植的品種，這些品種大多適應栽培地的氣候條件及土壤條件，才會在當地成為品質佳且生產性極優異的品種。現在要取得這類品種實為困難，不過使用的品種如能適合自己栽培地區的天候及土壤，這也是能種出美味蔬菜的捷徑。即便是種苗公司在挑選已育成的新品種時，也會很謹慎確認型錄上標示之品種所適合的氣象條件、土壤條件及栽培條件等，是否符合栽培地種植。此外在挑選品種的同時，選擇符合蔬菜生育適溫的栽培時期適當栽種，才能種出健康的蔬菜。

Q 同一種蔬菜會因為種法不同導致營養成分有別嗎？

A 有差別。在適合生長的時期種出來的蔬菜營養最豐富。

蔬菜各自有各自的生育適溫，此外在日照時間等天候環境最適合生育的時期栽種的話，不但長得最好，而且收成量也會變多，像這樣種出來的蔬菜營養價值也很高，味道也最好，即所謂「當令蔬菜」。

反觀在非當令時節栽種的話，蔬菜為了因應不適當的環境，將感受到過度壓力而損耗，預期營養價值將因此降低。有時還會遭遇生育環境不適當的情形，例如澆水方式錯誤，或是施肥等栽培上的不恰當行為，因此蔬菜的種法不同，營養成分也會有所差異。

舉例來說，要解決春天至夏秋這段期間的害蟲問題時，有時會在播種或植苗後，用不織布或防寒紗等材質製成的防蟲網覆蓋成隧道狀；另外要解決冬天防寒的問題時，也會用相同手法來種蔬菜。這類手法雖然能達到避免害蟲及防寒等目的，但會一直遮蔽太陽光線，因此會形成日照不足的不適當環境，受其影響下，有時營養價值便會下降，可說是過度保護下造成品質不良影響的一個範例。

同樣道理也能套用在溫室栽培上頭。採用溫室栽培時，為使溫度接近生育適溫的保溫效果（優點），將與遮蔽日照（缺點）呈現對立關係，因此須視種菜場所及時期加以取決。

蔬菜的營養素，也會受肥料所影響。當然蔬菜長大後並不會不含任何營養成分，因此為了避

蔬菜需要的日照光線

休耕期間	主要蔬菜
連作也不太會有影響的蔬菜	洋蔥、蔥、南瓜、秋葵、菠菜、地瓜、甜玉米等等
休耕 1 年左右再種較為適當的蔬菜	萵苣、蘿蔔、蕪菁、十字花科葉菜類、山藥、紅蘿蔔等等
休耕 3 年以上較為適當的蔬菜	白菜、高麗菜、花椰菜、牛蒡、馬鈴薯、芋頭、四季豆、毛豆
休耕 5 年以上較為適當的蔬菜	番茄、茄子、青椒、小黃瓜、西瓜、豌豆等等

參考資料：鈴木芳夫編著的《野菜栽培の基礎知識》（暫譯：蔬菜栽培的基礎知識）（農文協）

免種出營養價值低的蔬菜而施肥時，肥料給得愈多，生長量及營養成分也會增加愈多。

但在某個時間點會到達頂點，落入「收穫遞減法則」的狀態。這點不限於蔬菜，套用於所有植物，一旦施肥施到頂點，蔬菜作為食物方面的品質將大打折扣。

肥料的主要成分為氮（主要幫助莖葉生長，使植株變大）、磷（主要幫助花朵及果實生長）、鉀（主要幫助根的生長），俗稱為三要素。尤其想使植株變大，有時會大量給予氮肥，但是這樣一來，未使用到的氮肥將以硝態氮的形式蓄積在蔬菜體內，而過多的硝態氮對人體非常有害。此外若過度施加三要素的肥料，將抑制礦物質等其他要素的吸收，有時反而造成蔬菜營養不足。

肥料三大要素

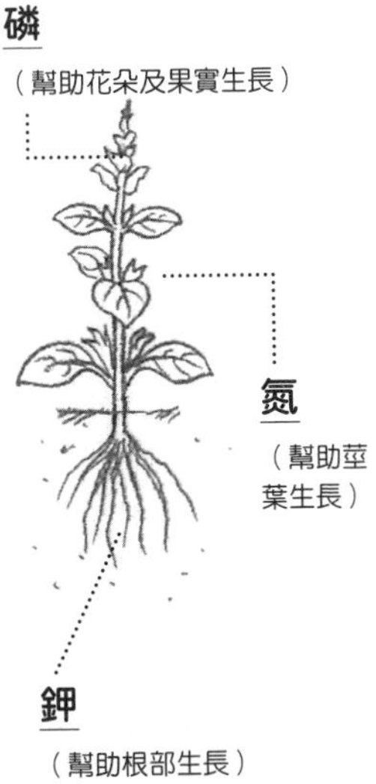

Q 專家種出來的蔬菜為什麼都很漂亮？

A 藉由不同品種與收成物的篩選，維持外觀的可看度。

很多人總覺得在店裡看到的蔬菜外形大小均一，和家庭菜園種出來的蔬菜差異甚大。許多店裡販售的蔬菜，都是市場上流通的農產品，或是從專業的生產農家直接進貨。而蔬菜生產農家與家庭菜園最大的不同，在於品種有別以及收成物的篩選。

這也算是商品與自家用品的差別，站在專業農家選擇品種的角度，首重「商品性」，諸如大小均一、收成量多、耐放且具備一定水準的風味、小型、容易栽種……，這幾點都會影響商品性。種苗公司在進行的品種改良，以及育種目標，也都會著重這些重點。

許多能擔保商品性的品種，都是被稱作「F1品種」的第一代雜種種子。由這些種子繁衍出來的下一代，也就是雜種第二代（F2），則會出現各式各樣的組合，無法像F1品種具所有優勢於一身，因此蔬菜生產農家每年都會要求購買種苗公司販售的同一種品種。我確實發現，F1品種在外形、風味、耐病性等生產農家要求的形質方面，皆具備一定水準，比起上一代更能生長旺盛，且收成量又多，因此成為現在栽培蔬菜的主流。

另一方面，過去一直自家採種，特性代代相傳而來的品種則稱作「固定種」。固定種保留了遺傳多樣性，因此特點是只要適合該地種植的蔬菜，就很容易栽種。面對突如其來的異常氣象等不良環境或病蟲害發生時，也不會全體滅亡，得以適應環境，可說是家庭菜園等地最方便使用的品種。在家

何謂 F1 品種

F1 品種是在計畫下交配授粉後，發現 F1 內的遺傳法則，因而加以運用。雜種第二代（F2）是依據「分離法則」，由於具有上一代承繼而來的所有組合，因此也會出現計畫外的特徵，所以在農業上並不實用。

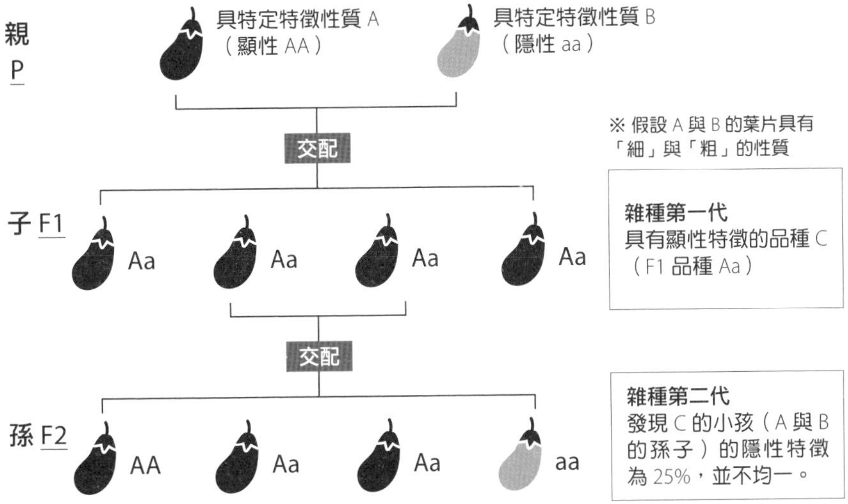

庭菜園也是以F1品種（為維持優異特性，使基因型維持均一的話，生長趨勢會衰弱，生產力會下降。但是將兩種均一化後，具不同特性的品種交配所形成的雜種第一代F1中，只會出現上一代的顯性形質，且僅限第一代的子孫會出現比上一代生長旺盛，收成量變多的情形，而F1品種便是利用這種遺傳特性培養而成的雜種。）為主流，但是有時在栽培時會事先投入農藥等資材，徹底進行病蟲害防治，或是藉由溫室等塑膠資材進行保溫管理，因此非專業農家實在難以勝任。

能夠種出漂亮蔬菜的第二個要因，在於篩選。在市場上流通的農產品，出貨時有一定的規格，例如會以長度、重量、外形、顏色、有無病蟲害或損傷為基準。生產農家會配合這些規格作篩選，分類成A貨、B貨、C貨、規格外產品，當然全部都是可以食用的蔬菜，只是以一般消費者為取向的商品貨架上，幾乎不會出現規格外產品或C貨。**雖說是專業農家種出來的蔬菜，但也不並非全部都是「漂亮的蔬菜」，店面陳列的只是一部分的生產量。**

Q 在集合住宅的陽台也能種菜嗎？

A 只要在陽台上擺盆器，就能種出大部分的蔬菜。

陽台上主要使用盆器（花盆等等）來種菜，但是盆器裝不了太多泥土，因此會長高或深根的蔬菜很難種植成功，不過葉菜類、小型果瓜類及根莖類還是能種得出來。只是想要成功種出蔬菜，盆器的大小**需要長50～60公分、寬30公分、深30公分左右才行；不過就算是長60公分、寬20公分、深20公分左右的一般花盆，只要減少栽培株數，一樣都能成功種出蔬菜。**

容易種植的蔬菜為小型蔬菜。如果想種葉菜類的話，以栽培期間短的小松菜、寶貝菜、茼蒿、沙拉生菜等為宜；根莖類部分以櫻桃蘿蔔、小蕪菁為宜；紅蘿蔔則最好選擇三寸紅蘿蔔或迷你紅蘿蔔；想種蘿蔔的話，盆器深度需達30公分，且以地上部分露出較多，青頸且整體粗短的白蘿蔔較為適合。

許多瓜果類都需要立支架，因此盆器深度須足以使支架自行穩妥立起，或是陽台環境設有欄杆可供利用。另外茄子、青椒、番茄、秋葵等蔬菜的栽培期間長，植株高度也會抽高，因此需要大一點的盆器。還有想種番茄的人，小番茄會比大顆番茄來得恰當。

毛豆、四季豆需靠支架避免倒伏，幸好盆器也能簡單架起支架。而四季豆有分成帶蔓性種與不長藤蔓的矮品種，不長藤蔓的品種立支架會比較簡單，小盆器就能栽種。

Chapter 2

種菜的準備工作與基礎工作

成功種出蔬菜的祕訣很簡單，

「遵守基本原則」即可。

在適當時間進行正確的作業，

就能種出「美味的蔬菜」。

Q 種菜之前需要進行哪些準備工作？

A 考量種菜需要花費的時間，再擬定計畫。

首先應擬定一個大方向的計畫，因為種菜必須每天照顧才行。請大家思考一下日常生活中能花多少時間種菜，例如每天、每週2～3天、每週1次、隔週等等，看看在自己能力範圍內，究竟能付出多少時間。還有必須事先作好心理準備，確認自己是真的想要認真種菜？還是只想試試看？

作好心理準備之後，接下來就是收集資訊。最簡單的方式應該就是參考書籍及雜誌。

最近許多書籍都有針對有機栽培等特定的栽培方式作介紹，更有專門解說盆器栽培、水耕栽培等內容的書籍，甚至有不限種植方式，全方位說明如何種菜的書。內容五花八門，包含鑽研栽培手法的教學說明手冊，乃至於作者個人研究出來的「獨創栽種法」，而且書中記述的蔬菜種類也有所出入，因此必須仔細確認書中是否有介紹自己想要種植的蔬菜。

第一本用來參考如何種菜的書，通常會隨個人喜好作挑選，假使你想建構家庭菜園，類似在耕作之前會先在土壤使用農藥再著手栽培，這種內容「以使用農藥為前提」作介紹的書籍，應該能免則免。雖說要避免過度使用農藥，但在用法上都會有嚴格的法律規範，因此在同一時間會種植數種蔬菜的家庭菜園裡頭，通常無法充分運用農藥。

在資訊的收集方面，大家不妨去參加以市民為對象的種菜講座，或是在家附近尋找同樣對家庭菜園感興趣的鄰居，通常會有所幫助。

Q 種菜需要注意什麼？

A 注意周遭環境與個人健康。

應身穿種菜時不怕弄髒的服裝再戴上帽子，並視作業內容配戴手套及口罩，還須留意天氣冷熱、直射陽光、風雨害蟲等環境問題。另外在種菜時會需要搬重物或彎腰作業，因此應避免過於勉強造成身體受傷。使用刀具或工具時，也應小心不要傷及自己及周遭的人。

使用農藥及肥料時，應詳閱說明書並遵守使用方法。撒農藥時須穿戴帽子、口罩、手套、眼鏡、長袖衣褲，且撒完農藥後須清洗乾淨。

尤其在集合式住宅的陽台或住宅地，應遵守管理規約，以免農藥飛散，或是肥料氣味、枯葉及塵土等等的擴散，影響周遭環境。

而且隨時都應用心整理與打掃。

基本上夏天也要戴帽子與身穿長袖長褲。

Q 什麼樣的地方適合種菜？

A 理想的地點為山邊的田地、日照佳的地方。

最適當的地點，就是山邊的田地。**擁有豐饒的土壤、乾淨的空氣和水、可照射到充足陽光的地方最為理想**，但是菜園能具備這些條件的人十分有限，現實中只能盡可能依據這些條件來挑選地點。

在土壤方面，應選擇雜草茂盛（長得不高的草）的田地，避免長不出草的地方，以及高大粗壯的草木生長旺盛的地方；為了獲得乾淨的空氣，最好避開交通量大的幹線道路兩旁；水的方面，基本上會使用雨水，不過能夠使用井水的地方、有水龍頭的田地也很適合。由於自來水含氯且礦物質成分含量少，因此盡可能不要使用，但是沒有其他水源時，還是可以使用。作物生長不可缺少陽光，因此盡量以日照佳的地方為宜。

以上是有關自然條件的部分，**另外還須考量住家到菜圃的距離**。這個條件將嚴重影響蔬菜挑選的種類。在自家庭院闢田的人，可種植需要每天照顧及收成的蔬菜。菜圃距離愈遠，限制就會愈多。此外菜圃大小也是必須考量的條件之一；依據菜圃的面積大小，例如菜圃距離遙遠又面積廣大，或是面積小又距離近的菜圃，都會影響種植蔬菜的種類。比如數平方公尺的迷你菜圃或是十幾平方公尺的菜圃，最適合初學者耕作，數十平方公尺的菜圃則適合中級者，數百平方公尺的菜圃得要高手才能駕馭。

另外也建議大家利用盆器在陽台種菜。雖然

菜圃以四周無建築物，且一整天日照佳又通風的地方最為理想。只不過這類地點在都會區少之又少，因此須視日照條件等環境限制來培育作物。

能夠選擇的蔬菜種類會變少，但是具有方便現採現煮的優點，只要同時利用菜圃種菜，自給率將提升許多。**以坐北朝南日照佳，且通風的陽台最適合種菜，不過座南朝北的陽台，還是能好好種出某些種類的蔬菜**。在集合住宅的陽台上種菜時，必須考量會不會影響到上下左右的鄰居，以及會不會使用到泥土及水的問題，甚至於是否會抵觸管理規約等等。

陽台會因為住家位置左右日照條件，因此須先行調查自家陽台的環境後，再來選擇作物。另外尤其在夏季陽台容易高溫變乾燥，因此須特別留意。

Q 哪些盆器適合種菜？

A 以輕巧又能裝入大量泥土的產品為宜，且塑膠製的盆器使用起來較為便利。

盆器只要配合種植的蔬菜，確保泥土容量及深度，就能成功種出蔬菜。目前市面上有販售多種蔬菜專用製品，在機能面及設計上也十分用心。塑膠製盆器重量輕巧，方便使用，如要在陽台上使用時，應選擇裝入泥土後還能移動的大小會比較方便。

〔各式盆器〕

小型菜箱

容量 8 ～ 9 公升的產品。適合種植小型葉菜類蔬菜及香草。

廣口淺盆（菜箱）

長 65 公分、寬 34 公分、高 22 公分的蔬菜用盆器。容量為 45 ～ 50 公升。可種植大型葉菜類或小型瓜果類。

圓盆

直徑、高度皆為 20 ～ 50 公分。小盆器可種植葉菜類蔬菜，或是混合栽種香草，大盆器能種瓜果類。

深盆

容量為 60 ～ 75 公升，深達 40 公分以上的盆器。可種植大型根莖菜或大型瓜果類。

Q 應該準備哪些工具？

A 在菜圃種菜必備鋤頭，用來進行種菜的基本作業。

需要準備的工具依菜圃大小而異，尤其不能缺少的工具就是鋤頭，只要有一把鋤頭就能耕土、整地、覆土，完成所有會動到泥土的作業。除此之外，最好還能備有除草鋤、鐵耙、鐵鏟、鐮刀；小工具方面，則需要芽切剪、移植鏝、澆水桶、量杯、量尺、園藝繩。

鋤頭分成好幾種，最好準備平鋤。

中耕、覆土、除草會用到的除草鋤，也是屬於鋤頭的一種，源自歐洲，經日本改良，使用起來非常方便；由於刀刃部分呈三角尖銳狀，因此在小地方也能自由移動，且善用兩側側邊的雙面刃，就能和鋤頭一樣耕出植床。還有一種「割草鋤」，比一般除草鋤更寬一些，有些刀刃上方還有開窗；呈半圓形，僅前方直線部分為刀刃，由於多餘泥土會從開窗處掉落，因此不會大幅度挪動泥土，可以像削除的方式進行除草，用來削除長在硬土上的雜草最是方便。

鐵耙是刀刃呈梳子狀的鐵製耙子，能像掃東西一樣移動，可攤平植床表面，以及耙鬆土塊或去除小石頭，還能將割下來的草集中在一塊兒。

鐵鏟分成前端尖尖的「尖鏟」，以及前端平平的「方鏟」，前者用來掘土或耕土，後者用來鏟土移動；在新菜圃耕作時，方便一開始的作畦或掘排水溝等作業。但是其實使用家庭用的鐵鏟便綽綽有餘，也可用鋤頭替代。

鐮刀除了用來割草，也能用來收成菠菜、小

松菜及韭菜等葉菜類蔬菜，還能用在收成芋頭、地瓜時割斷莖或藤蔓。

剪刀可以剪芽剪葉，還可以用來剪收成物、繩子或塑膠布，用途廣泛，但以前端尖細的芽切剪較為方便使用。

移植鏝在植苗時可用來挖洞，或是追肥後覆土；包含握柄的部分長約30公分的產品使用起來最為方便。移植鏝有些會附刻度，因此可用來取代量尺。

澆花桶請選購前端部分的花灑頭可拆卸的產品，容量須達5公升以上，以裝水後單靠雙手即可搬動的容量為準。量尺是用來測量畦寬及株間距離的必需品。園藝繩可在作畦後或植苗後用來拉起警示線，通常還會搭配將園藝繩固定在泥土中的固定夾或綠竹一同使用。量杯請選擇有500cc刻度的產品。

其他有了會更方便的工具，尚有刀刃呈L型的收穫菜刀，在採收高麗菜、白菜或萵苣等蔬菜時，可輕鬆割下來而不會損傷蔬菜，也能在塑膠布上挖洞植苗。美工刀的刀片有時會掉下來造成危險，因此在菜圃裡並不會使用美工刀。

另外在迷你菜園等小面積的地方，只要準備一把鋤頭、量尺、芽切剪、小工具就能開始種菜了。還有在陽台種菜的人並不需要鋤頭，準備些小工具即可。

工具使用完畢務必清除泥土，再用乾布擦拭乾淨。

身上穿戴物品

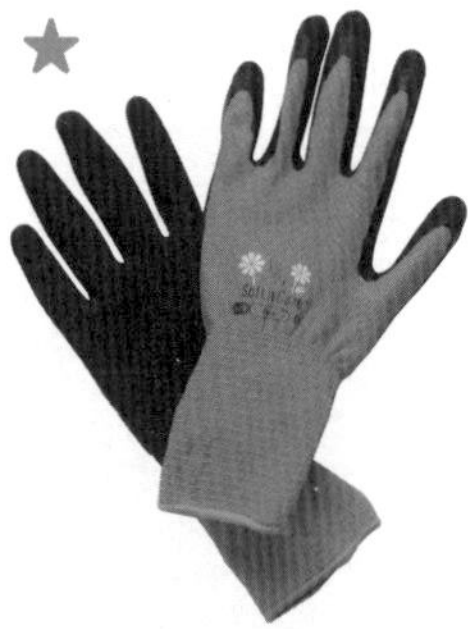

手套

無法直接用手觸摸時，或是需要操作刀具時可以穿戴。另外在疏芽時可穿戴薄手套，會碰到肥料等油性或刺激性物品時，則應穿戴有用厚橡膠補強的手套。

農事工具

★＝必備工具

★ 鋤頭

可進行大部分的作業。請選購輕巧又順手的尺寸。

移植鏝

植苗或中耕時使用。建議使用不鏽鋼製，且握柄與鏝刀一體成型的產品。

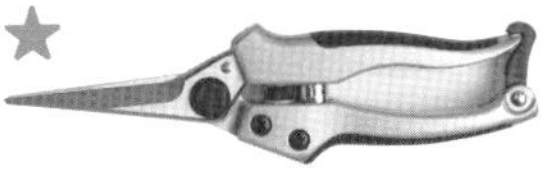

★ 芽切剪

建議使用雙刃型。可廣泛用於摘果、摘心、收成、剪繩等等。

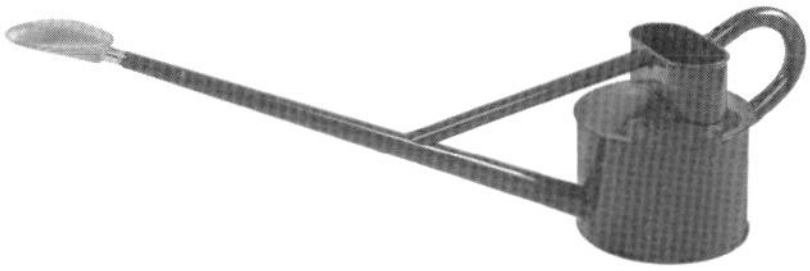

澆花桶

方便移動，且以花灑頭孔洞細小，又能拆卸的產品為佳。

量尺、捲尺

用來測量長度。

收穫菜刀

收成高麗菜、白菜及萵苣時不可或缺的工具。刀刃延伸至前端，以便鐮刀能以垂直方式割下微細處。

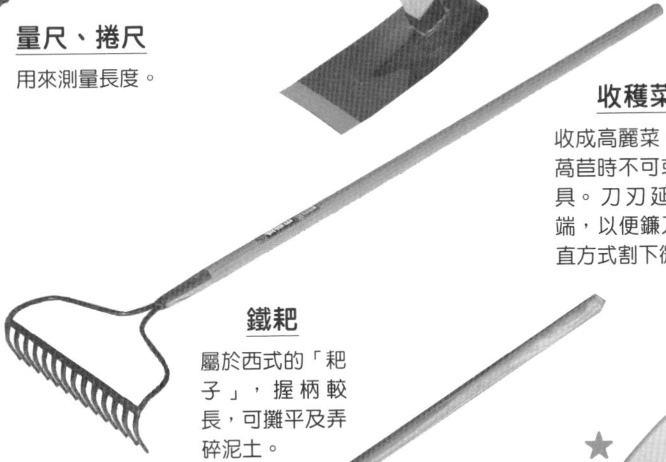

鐵耙

屬於西式的「耙子」，握柄較長，可攤平及弄碎泥土。

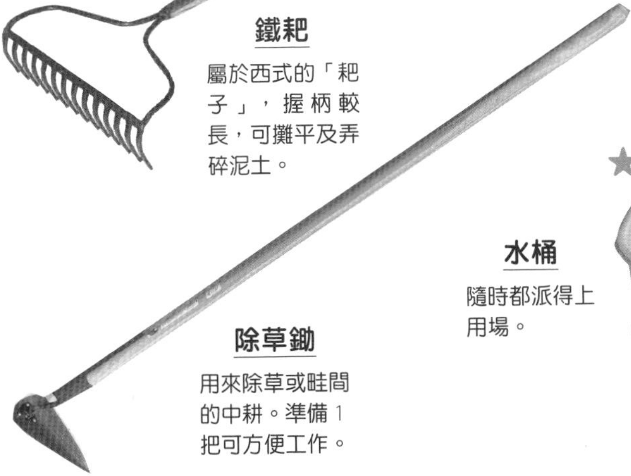

除草鋤

用來除草或畦間的中耕。準備 1 把可方便工作。

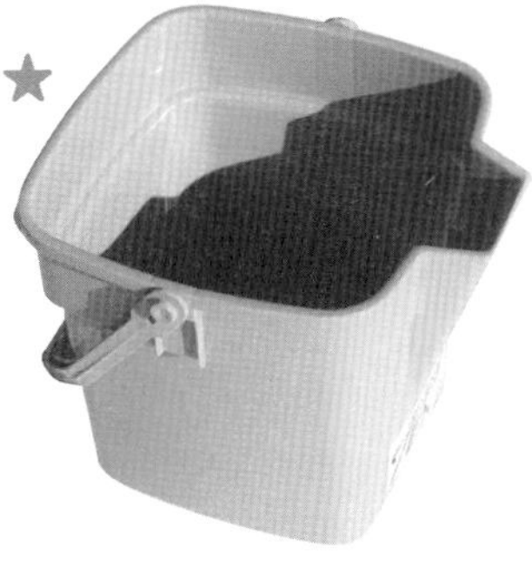

★ 水桶

隨時都派得上用場。

Q 需要哪些資材？

A 視蔬菜種類及作業運用不同資材。

請視蔬菜需求，準備必需的資材。近來市面上已有販售方便作業，又能增加效率的資材及工具。

支架為必備品項，通常會以長50公分～240公分左右，長度及粗細成套的產品作販售，不過種菜用的支架，通常以粗0.5～2公分的產品比較方便使用。在作畦時可用來圍出警戒線或測量寬度，甚至於立成支架等等，分別組裝運用即可。

土為栽培植物的基本資材，每年可用腐葉土及堆肥等肥沃土壤的有機質資材來改良土壤。加入土中的資材，以落葉或樹皮堆肥等來自植物的有機質較為天然；另外在新菜圃中使用微生物的資材，也能看出不錯的成效。

【肥沃土壤的資材】

微生物資材

內含促進有機物分解的微生物資材。用於想要肥沃土壤的菜圃中。

有機石灰

建議使用內含礦物質成分的牡蠣殼石灰，且以粉狀比較方便使用。

堆肥

為促進改良土壤狀態（團粒化）不可或缺的資材。最好使用來自植物的落葉堆肥或樹皮堆肥。

農事主要資材

利用隧道棚用支架與防蟲網製成隧道棚的範例。

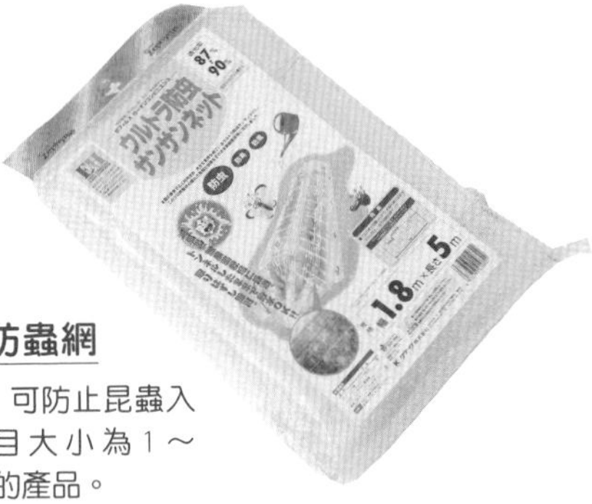

防蟲網

網目小，可防止昆蟲入侵。網目大小為 1 ～ 1.5 公釐的產品。

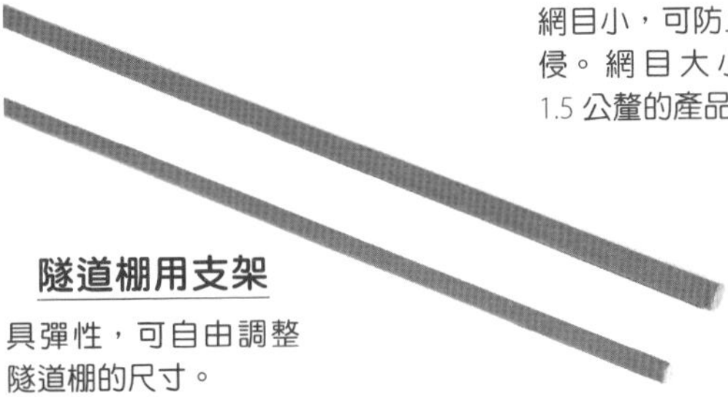

隧道棚用支架

具彈性，可自由調整隧道棚的尺寸。

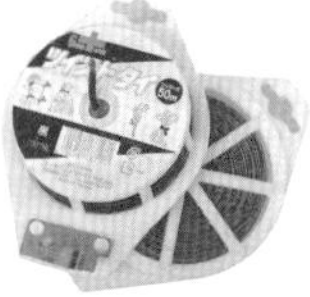

紮帶、麻繩

固定支架與支架，或防蟲網等資材。

橡膠束帶

固定作物與支架。

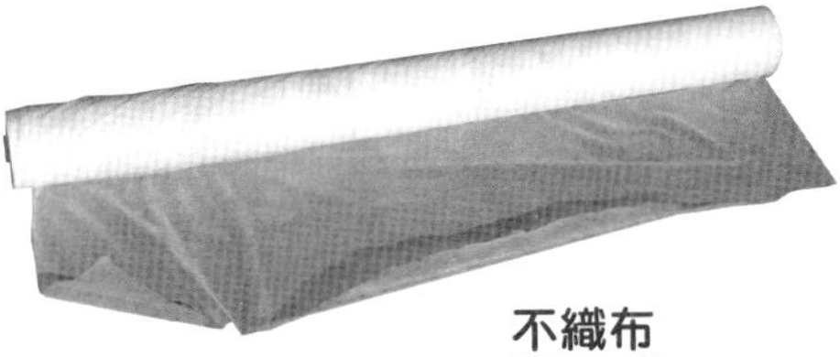

不織布

用來取代塑膠布、遮光網或防蟲網。

塑膠布（開孔型）

具保溫及保濕效果，黑色塑膠布不易長出雜草，透明塑膠布可提高地溫。

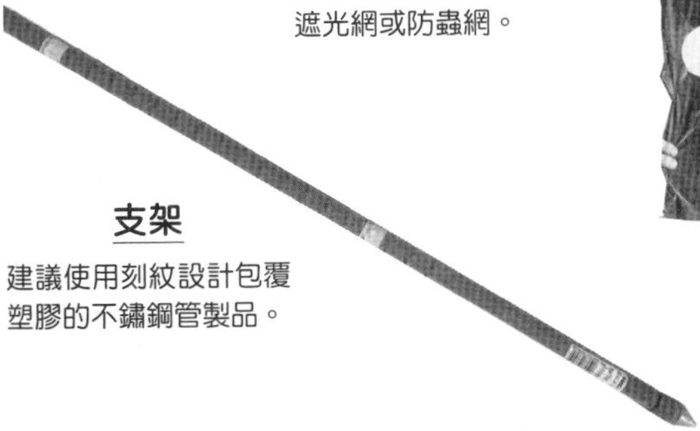

支架

建議使用刻紋設計包覆塑膠的不鏽鋼管製品。

Q PE塑膠膜或不織布應如何區分使用？

A 被覆不織布以彌補塑膠布不完善之處。

利用PE塑膠膜被覆植床種植蔬菜，稱作「塑膠布栽培」。**塑膠布的用途，可防止土壤乾燥、預防降雨時泥土濺起引發疾病、防止雨水直接碰觸泥土導致土壤及肥料成分流失、避免過度潮濕等等。**

另外透明塑膠布可以在春天提升地溫，銀色或黑色塑膠布則能防止夏天地溫上升，還能抑制雜草叢生；而且內含銀色或銀線條紋的塑膠布可反射光線，因此能避免蚜蟲等昆蟲飛來。

好比番茄及小黃瓜等夏季蔬菜，需在早春時栽種的話，應使用可有效提升地溫的透明塑膠布；5月連假過後地溫已經升高後才要開始種菜時，最好使用可有效抑制雜草的黑色塑膠布；在6月等夏季或秋季栽培小黃瓜時，以及在夏末至初秋種植蘿蔔時，通常會發生由蚜蟲所引起的重大病害問題，因此可使用銀色或銀線條紋的塑膠布，同時解決高溫及蚜蟲的問題。只不過塑膠布厚度僅0.02公釐，用過一次之後就得丟棄，這也是缺點之一，再加上內含銀或銀線的塑膠布價格昂貴，總叫人捨不得使用。

因此才會用不織布來被覆菜圃，以彌補塑膠布不完善之處。不織布雖比塑膠布貴，但可重覆使用4～5年，因此建議大家適度運用。

利用不織布被覆，除了可防蟲、防鳥、防寒、保溫之外，還具有塑膠布的其他效果，唯獨無法因應雜草問題。除了在豆類初期生長時可暫時用

蓋塑膠布

蓋塑膠布就是用 PE 塑膠膜披覆（用塑膠布或稻草覆蓋地面）上去。PE 塑膠膜共有黑色、白色、透明、銀色這幾種樣式，黑色塑膠布與透明塑膠布使用率最高，同樣分成有孔及無孔的產品。塑膠布的材質中，除了 PE 塑膠膜之外，另外還有微生物可分解的生物可分解塑膠及回收塑膠。

透明塑膠布

可提高地溫，具保溫效果，但是無法抑制雜草生長。

黑色塑膠布

可保持地溫和濕度，並抑制雜草生長。

不織布

為使效果更佳，通常會與塑膠布配套使用，被覆在所有作物上。

去除塑膠布

蓋著塑膠布不容易追肥及覆土，因此當作物成長至某個階段後，須去除塑膠布加以丟棄。

來防鳥之外，切記通常不織布並不會單獨被覆，而會搭配塑膠布一同作業。假使不搭配塑膠布只蓋不織布的話，內部會變得潮濕且高溫，有時恐造成作物損傷。披覆的方法包含直接蓋在植床上、維持一點空隙蓋在植床上、架高至一定程度的隧道式被覆等，取決於需要被覆的蔬菜大小、被覆時間。維持一點空隙的被覆法及隧道式被覆法，需要架設有弧度的骨架，建議使用可自由彎曲的隧道型防風棚用支架（市售品），彎曲成半圓形的弧度再蓋上不織布。

不織布屬於重量輕且方便使用，又能持久的方便資材，還具有遮光效果，因此盡可能選擇透光率高（95%左右）的產品，且切記最遲在開始收成前的2~3週，就得將被覆的不織布撤下，使作物充分照射到陽光，否則長期被覆的話，很難種出健康又好吃的蔬菜。

Q 田裡的土可以不斷重複使用嗎？

A 每年都需要養土，例如加入有機物。

大自然的泥土具有使植物生長的能力，這種能力是經由植物、動物、微生物等生物，以及容納一切的環境彼此作用下孕育而生。栽培作物時會脫離這種自然生態，因此未加養土只是一味栽培的話，泥土會劣化，喪失培育植物的能力。

農耕或栽培，就是在利用自然界歷經數百年、數千年間，培育並維持下來的生態環境之物質循環，以及物質生產的運作，再加上來自大自然的養分蓄積。所謂的物質循環，意指以無機物作為營養來源，並藉由光合作用後生產有機物的植物（生產者），加上食用消耗植物的動物（消費者），以及由分解排泄物及屍體的菌類等微生物（分解者），由這三者還原的無機物，會再次成為營養成分供植物利用的意思。農耕過程會使自然生態的運作變單純，將部分物質循環作為食物予以抽除，因此可說是吃光過去遺產的一種行為。

農地裡的雜草及蔬菜根部等回歸泥土的有機物含量，絕對少於自然生態運作下產生的有機物含量，因此農田無法直接善用循環機制。為了找回循環的力量，會為田地補充有機物，進行「養土」，這在栽培作物上為不可或缺的一環。

在小範圍區域堆肥的施作方式

每次種菜時，都要在每1平方公尺的土地將1～2公斤的有機堆肥翻犁入土。可在整塊田地將堆肥翻犁入土，也可在作畦後再翻耕入土。

作畦後再翻耕入土，即可繼續種菜，或是當田畦寬度不到60公分時，可在田畦之間翻犁入土。

Q 盆器栽培用土應如何準備？

A 使用市售培養土最為方便，也可將自家製的培養土回收再利用。

栽培用土可利用田地或庭院的土自行調配，但是使用市售的蔬菜專用培養土會比較方便，因為PH質已經過調整，而且大多會加入基肥。可是太便宜的培養土有時會混入品質不佳的資材，必須特別留意，大家不妨**麻煩信任的店家或店員推薦，以減少買錯的機會。**

另外如要使用市售的培養土，應避免種完一次菜後又再次拿來種菜。可經陽光曝曬乾燥後回收來種草花，或是依照各地區規定處理掉。清楚原料來源，自家調配而成的泥土，可追加堆肥等有機物後回收再利用。盆底石非必需，但是若能使用輕石（大顆），可使盆器重量減輕，防止根部由盆底下方排水孔下方長出。

澆濕市售培養土

1 盆器內的土可使用市售培養土較為方便。

2 分數次澆水淋濕後再使用。

3 充分混合均勻。

4 用手一握會稍微成形的含水量最為恰當，接下來可馬上倒入盆器中開始使用。

土回收再利用時，建議經太陽曝曬消毒一下，但是單靠太陽曝曬仍不夠完善。為了消滅病菌及害蟲，必須充分加熱營造嫌惡環境，因此須加入微生物肥料，再經太陽曝曬加以消毒。通常要回收泥土再次利用，會在日照佳的場所，並於春天至秋天前進行土壤改良，只是再次利用的泥土，應避免用於茄科及十字花科等無法連作的作物。

利用微生物使回收土能再次利用

拔除收成後的植株，並將土中粗大的根部等雜質去除。

將微生物肥料撒在所有泥土上。每 10 公升培養土需要約 30 公克的微生物肥料。

混拌泥土使肥料遍佈均勻。

澆水直到盆底排水孔流出水為止。

用二層塑膠袋或塑膠布覆蓋在盆器上，並放在日照佳的地方。

待塑膠袋膨起發熱後測量溫度。

長達 20 天以上出現超過 60 度的溫度後，消毒便完成了。使用前再將塑膠布移開。

確認是否已經冷卻，土量不夠時再補充新土，接著播種或植苗種植葉菜類等蔬菜。

Q 需要用到耕耘機嗎？

A 設法讓種菜時不需要用到耕耘機。

假使是數百平方公尺大的菜園，使用耕耘機耕作能提升工作效率，這樣也會比較方便，不過專業級的耕耘機能耕地的深度達15公分左右，家庭菜園用的耕耘機頂多10公分左右，然而15公分深的泥土，只需有一把鋤頭便綽綽有餘。一開始用鋤頭確實翻土作畦後，接下來再鋪稻草，或是栽培綠肥作物（非食用，而是作為肥料用途所栽培的作物）及蔬菜，接下來泥土就會慢慢變軟而容易深耕，如此一來，便不需每年或每作作畦，即便減少耕耘頻率（就算不耕耘），也能栽培蔬菜。

因此**種蔬菜時，建議大家讓菜圃變成不需要耕耘機也能種菜的狀態，以便種出健康的蔬菜。**

田地的土壤改良

1 拔除雜草，去除小石頭，耕土至15公分左右的深度為止。

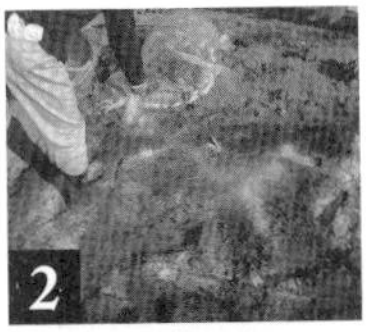

2 如為新菜圃，請在每1平方公尺的土地撒上100公克的有機石灰。

3 將堆肥與泥土充分混合均勻，靜置2週時間左右。

祕訣！

重視自然生態環境的人，建議不要過度耕土，耕土至15公分左右的深度即可。不過想要種植蘿蔔、紅蘿蔔、牛蒡等根莖類的人除外。

Q 作畦方式會因蔬菜而異嗎？

A 作畦方式會依蔬菜特徵、想種植的植株數量及菜圃長度而異。

播種植苗的地方稱作「植床或畦面」，為管理植床與植床之間的空間，通常會設置通路（畦溝），而植床加上通路的這個區塊，便稱作「畦」。兩個植床中心點的距離稱作「畦間（畦寬）」，計算整座菜圃的種植株數時，會參考畦間及株間以除法計算出來。

畦是為了改善排水而將植床的土堆高，區分出植床與通路以方便管理。打造菜畦稱作「作畦」，植床高度超過15公分稱作「高畦」，15公分以下稱作「平畦」。植床高度也會依菜圃狀態及培育蔬菜的性質而出現變化。

舉例來說，在排水不佳的菜圃或是耕土較淺的菜圃會築高畦，容易乾燥的菜圃則會築平畦。另外還會在一開始挖溝，於溝底放置馬鈴薯及芋頭的種芋，或是長蔥的幼苗加以種植，這種方法適用於薯類或是軟白部分必須埋在土中的蔬菜，因此會將畦溝埋回去，同時再藉由覆土往上堆高，以確保生育容積。

菜畦一般來說會考量日照築成南北走向，並將植株與田畦方向呈平行排列。植床寬度與通路寬度，會隨著種植蔬菜的高度及葉片展開程度而異，田畦長度則取決於種植株數及菜圃長度，一般以通路寬50公分，植床寬70～100公分為參考依據。

種植小蕪菁、櫻桃蘿蔔及小松菜等小型蔬菜，植株數量較少時，應與植床呈直角挖出播種溝或植苗溝，以「橫向播種溝」的方式種植起來才會更有效率。

菜畦的構造

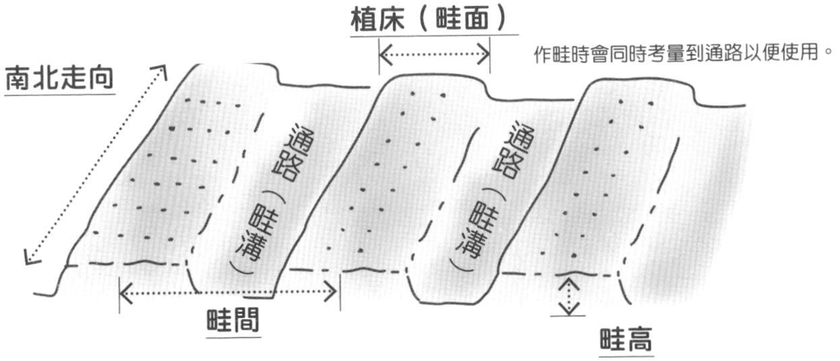

作畦

每 1 平方公尺施撒 1.5 公升左右的堆肥。

每 1 平方公尺施撒 150 ～ 200 公克的發酵有機肥料。

每 1 平方公尺施撒 150 ～ 200 公克的苦楝粕。

用鋤頭翻犁整個菜圃混合均勻。

築出寬 70 ～ 100 公分、高 10 ～ 15 公分的畦。

用鐵耙將表面攤平。

用鋤頭背面壓實。

維持這個狀態靜置 2 週時間之後再開始種菜。

Q 從種子開始種的蔬菜與從幼苗開始種的蔬菜，差別在哪？

A 差在生育期的長短以及收穫量等等。

蔬菜的栽培方法，分成直接在菜圃裡播種的「直播栽培」，以及在其他地方將幼苗培育至一定大小之後，再移植到菜圃裡的「移植栽培」，為了移植栽培而培育幼苗的作業，便稱成「育苗」。

育苗的目的，是由於幼苗在生長初期對於病蟲害、雜草、低溫、高溫等不良環境的低抗力弱，因此才會集中在不易受大自然影響的溫室等栽培設施內，有效率地培育。此外在育苗期間還能淘汰不良幼苗，因此也能進而減少菜圃裡的損失。再者如為栽培期間長的蔬菜，還能利用育苗盡量減少在菜圃的種植期間，因此可降低災害風險，提升菜圃的使用率。

就像這樣，育苗的好處多多，不過育苗也有成本問題、需花勞力進行植苗的定植作業等缺點。因此每單位面積的種植株數較多的時候，以及收穫量少且低價的蔬菜，並不會採用育苗的方式。

目前在番茄、茄子、哈蜜瓜、西瓜等瓜果類大多採用育苗，葉菜類則以栽培期間較長的高麗菜、青花菜、洋蔥等會採用育苗；反觀小松菜、青江菜、櫻桃蘿蔔等，因為生育期間短，栽植密度高，不具備育苗的優點，因此幾乎採用直播栽培。

不耐移植的蔬菜，以直播栽培為主。舉例來說，從種子直接發根採收直根部分的蘿蔔及紅蘿蔔等蔬菜，由於在移植過程會損傷直根而影響收成，因此並不會採行移植栽培；其他諸如芋頭、馬鈴薯等薯類，也大多採行直播栽培。

在家庭菜園不方便育苗的蔬菜，以及沒時間育苗的人，一般多會自園藝店購買市售的幼苗加以栽培，這麼做會比較合情合理。例如番茄育苗時間需要70～80天左右，與其在室外氣溫適合番茄生長的4月底至5月初左右播種，倒不如在這時期種植已經長大的幼苗，更能提早收成，而且可確保番茄在生長適溫期間內得以長時間長成，收穫期間也能拉長。再加上考量到漫長育苗期間的管理成本，種植幼苗的好處實在多得多了。

主要從種子開始培育的蔬菜

葉菜類

生育期短的蔬菜，以及種植株數多的蔬菜，會從種子開始種植。

根莖類、豆類

不耐移植的蔬菜會從種子開始種植。

主要從幼苗開始培育的蔬菜

葉菜類

諸如栽培期間長，從種子開始種植很花時間的蔬菜，會從幼苗開始培育。

果菜類

育苗很花時間，種植株數少的果菜類會從幼苗開始培育。

Q
如何播種？

A
播種方式大致上分成2種。

想從種子開始培育作物時，共有2大方法，**一為直接將種子撒在田地裡的方法（直播栽培），以及將種子撒在育苗軟盆中培育長大後再定植的方法（移植栽培）**。直播栽培適用於不喜移植的作物（蘿蔔及紅蘿蔔等等），或是栽培期間短的作物；移植栽培通常用於栽培期間長，且栽培間隔長，如以直播栽培效率不佳的作物，或是在菜圃裡不易管理的幼苗，例如高麗菜及白菜等所有大型葉菜類或瓜果類，便歸類於此。

播種方法分成條播、點播、撒播這3種，只要運用適合作物的播種方法，後續管理就能順利進行。培育作物的種子外包裝上，都會載明適合作物的播種方法。

播種於 Jiffy 育苗盆

Jiffy 育苗盆可整盆定植，減少移植損傷的情形，使用便利。

1 將育苗墊鋪在端盤上，並充分澆濕。

2 將澆濕的種子撒在澆濕的泥土上，並從邊緣將泥土往下壓實5公釐。

3 將種子撒在作法2上，接著蓋上薄薄一層泥土再輕輕壓實，然後小心地澆水。

4 排放在作法1的端盤上，接著插上標籤，小心管理避免土壤乾燥。

直播法

直播法 1 撒播

平均撒播種子，並且一邊疏苗一邊培育。在菜圃適合種植綠肥作物及葉菜類蔬菜，盆器裡則適合種植香草及小型～中型的葉菜類蔬菜。

撒在菜圃裡時應避免重疊，然後輕輕地蓋上泥土

盆器散播範例

直播法 2 條播

挖出條狀淺溝，並播種於溝中。發芽後一邊適度疏苗一邊培育。適合小型葉菜類蔬菜及根莖類。

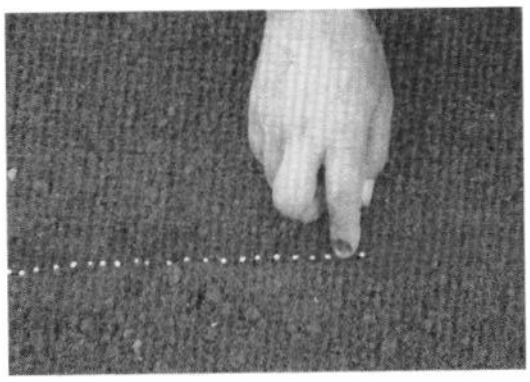

利用適當的木板挖出深 1 ～ 2 公分的長條狀的淺溝。

盆器條播範例

直播法 3 點播

事先隔出種子與種子的間隔，再挖洞播種。並視栽培作物改變間隔寬度。適合豆類及大型葉菜類等蔬菜。

用圓底罐子等容器往下壓，挖出 2 ～ 3 公分的淺洞。

盆器點播範例

調製播種用土

用來播種的土，可使用市售的播種用土，或將一般培養土以中～細網目的網篩過篩後再行使用，因為細粒的土可使種子容易吸收水分。

Q 為什麼播種深度與間隔會因蔬菜而異？

A 因為蔬菜分成必須曝曬在陽光下才能好好長大的蔬菜，以及不需曝曬陽光也能長成的蔬菜。

蘿蔔、青蔥、洋蔥、韭菜、番茄、青椒、茄子、南瓜、小黃瓜、韓國香瓜、西瓜等蔬菜，由於**感受到光線就會抑制發芽，因此須完全埋在土中，這類型的種子稱作「嫌光性種子」；反過來說，也有感受到光線才會促進發芽的種子，稱作「好光性種子」**，諸如鴨兒芹、羅勒、紫蘇、巴西利、紅蘿蔔、茼蒿、四季豆、西洋芹、小松菜、萵苣、牛蒡等等，這類蔬菜就需要播種在淺一點的土中，使之感受到光線。

胚芽獲得水分成長發芽時，會伴隨呼吸以取得大量能量，因此氧氣是不可或缺的，但是播種時一旦深埋在土中，或是沈入水裡，將導致氧氣不足而無法順利發芽。播種時需要多深，將視蔬菜種類而異，但以種子大小（厚度）的3倍左右為參考依據。直接播種在田裡的直播栽培，**播種的間隔取決於蔬菜長大後會長到多大，最適當的間隔，以葉片不會碰觸到鄰株的葉片為準，因此會長得很大的蔬菜間隔要寬一些，小型蔬菜的間隔則可以窄一點**。

舉例來說，小型葉菜類蔬菜的小松菜，最小株間在10公分左右，白菜則需要留寬一些，在40～50公分左右。但是同為白菜，會長得很大的晚生種比早生種需要更寬的株間，因此適當的栽植密度會因品種及種植方式而改變。

只不過紅蘿蔔、茼蒿、小松菜、白菜等蔬菜的發芽率低，因此會在1個地方撒下許多種子。

撒多一點種子後，假使長出眾多幼苗，將會彼此刺激加速長得更快，改善初期生育狀態。尤其是白菜，雖以最後大小來看，50公分的株間最為恰當，但還是會在50公分間隔內，單1處播種4～5顆種子，這種播種方法便稱作「點播」。另外當小松菜及紅蘿蔔等蔬菜在最後株間僅有10公分這麼窄時，並不會在10公分的間隔處播種數顆種子，而會在避免種子重疊的情形下連續播種，再逐步疏苗形成最後的間隔，這便稱作「條播」。此時也可以在整個植床上分散播種，進行疏苗散播，但是一般還是以條播為主，因為這樣除了疏苗之外，也方便中耕、除草及追肥等栽培管理作業，以便蔬菜生長速度一致。

一般來說，植物在生長時會形成群落，栽種蔬菜也是一樣，與其獨佔大部分養分及資源的「一枝獨秀」，群體生長更能全體豐收。

生育初期時，為使彼此競爭成長會縮短間隔栽種蔬菜，等到植株過度接觸時再進行疏苗，使鄰近幼苗互相爭奪養分及陽光，以防生長狀態不佳。比方像是紅蘿蔔這種在初期生育緩慢的蔬菜，切記應延遲第一次的疏苗時間，再於第二次疏苗時確保充足的株間距離。

播種的差異

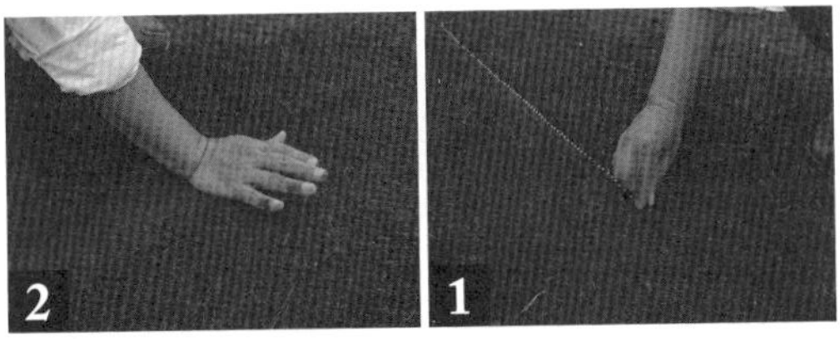

紅蘿蔔在播種時，須蓋上薄土再壓實。

蠶豆須將種子插進土中2～3公分深為止。

Q 為什麼播種時期會因蔬菜而異？

A 因為適合蔬菜發芽及生育的溫度，會依種類及品種而異。

無論品種改良到何種地步，每種蔬菜皆有各自的生育適溫，這點是無法改變的，並不存在任何溫度都能生育的蔬菜。**適合蔬菜發芽以及生育的溫度，會依種類及品種而異，因此會造成不同蔬菜播種時期不同的主要原因之一，便在於各種蔬菜有其發芽適溫與生育適溫。此外不同蔬菜的生長速度不同，因此從發芽至收穫為止所需時間也會有所差異。為了使蔬菜在生育適溫內全部收成，需反算何時應播種，藉此決定播種的時期。**

舉例來說，小松菜從播種至採收需要30～40天左右；高麗菜因季節而異，但也需要90～180天左右；小黃瓜自播種至第一次果實收成需要60～80天左右；番茄則需要100～120天。即便為同一種蔬菜，生育期間也會有所出入，這是因為氣溫愈高生長速度愈快，播種至收穫的時間也會縮短。

現在已可利用隧道式防風棚或溫室栽培，也就是藉由塑膠資材披覆確保溫度。尤其是溫室栽培，還會設置加溫機釋放暖氣進行加溫栽培，使得蔬菜能在脫離生育適溫的環境下栽培成功。只不過，基本上播種時期還是得取決於栽培地區的氣溫。在四季溫度變化大，南北狹長的日本列島上，各地適合栽培蔬菜的氣候並不相同，播種時期也會有所差異。蔬菜原始的基本生態反應，在栽培時是不容忽視的。

Q 哪些蔬菜的種子會有被小鳥吃掉的疑慮？

A 豆類以及甜玉米的種子經常被鳥類視為美食。

當我們結束菜圃的播種作業離去後，鳥類就會看準時間飛來吃掉種子，尤其豆類及甜玉米經常被視為美食，除了種子之外，發芽初期的子葉展開後，幼苗甚至也會被連根拔起。

除了這些蔬菜之外，鳥類只要食髓知味，就會一直來吃。例如夏季蔬菜的番茄、西瓜、玉米等果實，秋冬則有高麗菜等葉菜類的葉片，都會一再遭受襲擊。假使有樹木的果實作為餌食，有時便會因為菜圃周邊環境的影響，使得鳥類不會來吃掉種子，不過**鳥害對策最好一年到頭都要作好萬全措施**。

包含毛豆在內的大豆，只要是直播肯定會遭遇鳥害，因此最好不要直播，改以在庭院等處先以育苗軟盆使之發芽的栽種方法，會較為輕鬆且安心。另外在鳥害對策方面，圍上防鳥網也能看出不錯的成效。

播種後，不論是菜圃或是盆器，都應以防鳥網覆蓋，保護種子直到本葉長出為止。在大型鳥類防治方面，可在周圍拉上繩線，如此一來，便能在某種程度上防止鳥類入侵，尤其使用防鳥網專用繩或是釣魚線等堅固繩線，緊密設置成鳥類張開羽翼的寬度（約1公尺）會最有效果。另外鳥類也很排斥會纏住腳的雜亂物品，因此播種後可在周遭鋪上拔下來的雜草，或是容易纏住鳥腳的稻草。

Q 幼苗的種類有哪些？

A 一般分成使用容器的「軟盆育苗」及「穴盤育苗」。

理想的幼苗，在定植前會長出眾多細根，可充分抓住泥土，這類幼苗在定植後能存活下來且成長迅速。根部懷抱泥土形成盆器形狀的狀態，稱作「根團」。一般來說，番茄、茄子、小黃瓜、西瓜等瓜果類，會用塑膠軟盆培育幼苗後，再定植於菜圃中；高麗菜、青花菜、白花菜等葉菜類，則會用穴盤（數個小型育苗盤互相連結，根團容易張開）培育幼苗後再移植。

過去會在菜圃一角設置苗床育苗，再從苗床挖起來移植到菜圃裡，但在移植時會出現根團散開及損傷的問題。因此會採用育苗期間數度移植，將根部切斷促使根部再生，藉此增加根部數量的方法。但是重複數次移植後，生育速度將比直播緩慢，收穫量也會變少。

為了解決這個問題，於是才使用容器育苗，這種育苗方法便稱作「軟盆育苗」及「穴盤育苗」。家庭菜園需要的種植株數較少時，最好購買軟盆育苗或單個穴盤育苗。

軟盆育苗從容器取出移植至菜圃時，根團不會散開，根部不會損傷，因此優點是定植後的存活率佳，所以可用PE塑膠製的輕巧軟盆培育幼苗至定植為止。軟盆大小會視培育蔬菜的幼苗大小而異，大小種類依據直徑區分成3號、5號軟盆，蔬菜幼苗經常使用直徑9公分（3號）、10.5公分（3.5號）、12公分（4號）、15公分（5號）軟盆。種植株數少的時候，可直接在塑膠軟盆中撒上幾顆種子，一邊疏苗一邊培育出1棵幼苗；想要培育較多幼苗時，可在育苗箱內一起播種，然後挑選狀態好的幼苗再移植至塑膠軟盆中。園藝店等處販售的軟盆育苗，就是透過這種方法生產出來的。

這時候如想種植番茄、茄子等育苗期間較長的蔬菜，即便最後會使用到5號軟盆育苗，有時也必須先從育苗箱移植到3號軟盆，再從3號軟盆換盆至5號軟盆。幼苗如果突然換盆至較大的軟盆中，根部便無法在軟盆中整個擴散開來，且會沿著軟盆內壁延伸至底部，因此不容易形成根團。這樣一來，就無法長成紮實的根團，定植時根團便會散開，可能導致移植時損傷。按部就班換成大一點的軟盆，雖然需要花費時間及成本，但是根部能在軟盆內長滿，形成緊實的根團。

用軟盆育苗需要空間及時間，為改良軟盆育苗的問題點，於是發展出用穴盤培育的穴盤育苗。穴盤育苗的優勢在於每株幼苗所需容積小，根團形成速度快，且方便移植。蔬菜在育苗時，經常使用1個穴盤（大約長58～60公分、寬27～30公分）設有50孔、72孔、128孔、200孔、288孔的產品。

幼苗的種類

軟盆育苗

利用塑膠軟盆育苗再加以販售。幼苗狀態愈理想，後續栽培愈容易成功。

穴盤育苗

利用穴盤培育的幼苗。由於育苗空間小，很快就能形成根團，可自穴盤輕鬆拔起直接定植，能有效率地進行管理。

Q 如何選擇適合自己菜圃的蔬菜？

A 最佳捷徑就是在自己的菜圃裡試種各種蔬菜。

第一步就是試種看看各種蔬菜，不過切記要在這種蔬菜最容易種植的當令時期栽培。當你能收成某種程度的美味蔬菜之後，發生病蟲害的機會應該也不會太多，因此這就是適合種在自己菜圃裡的蔬菜。想要確認哪種蔬菜適合種在田裡，最好的方法就是在菜圃裡試種看看。

只不過一開始切記要具備某種程度的判斷能力，才知道菜圃適合種植哪些蔬菜。此時須留意的，就是菜圃泥土的水分狀態，類似往下挖30～40公分就會滲出水來的潮濕菜圃，適合種植的蔬菜包含芋頭、鴨兒芹、西洋芹等等，也能試種一些不耐旱的蔬菜，例如山茼蒿、韭菜、巴西利等等；反觀不適合種植的蔬菜則是地瓜、番茄、蔥、菠菜、蘿蔔、紅蘿蔔、牛蒡、南瓜等等。在潮濕的菜圃裡必須挖溝改善排水，也需要以築高畦等對策來因應，而且首要之務便是避免種植不喜潮濕的蔬菜才為上策。

其次應留意的是菜圃的光線，偏好強烈陽光的蔬菜有番茄、西瓜、甜玉米、地瓜等等。一般來說，瓜果類在背陰處生育狀況普遍不佳，開不出理想的花朵，因此無法採收到美味的果實。

建議一步步試種各種蔬菜。

Q 如何挑選理想的幼苗？

A 留意生長點、子葉的情形。

日文有個名詞稱作「苗半作」，意指農作物種得好不好或收穫量是否理想，會因為幼苗優劣影響甚大。尤其是瓜果類，在幼苗階段就會長出未來形成果實的花芽，因此挑選理想的幼苗，為提高品質及收成量的關鍵。

挑選幼苗時，首先須留意的重點就是生長點。生長點位在幼苗最高處，未來將由此分化成各種器官，同時逐漸成長，這個地方也會不斷長出新葉來，因此須確認位於幼苗前端中心部位的新芽，是不是長得很健壯。

其次須留意子葉的部分，須確認是否有長出子葉，以及這些子葉是否沒有變黃且很健康。以節間不會極短也不會過長的幼苗為佳，避免挑選高度極高的幼苗。另外像是番茄、茄子、青椒等茄科的瓜果類，應挑選有確實開花，以及花苞大大鼓起的幼苗。在整體的生長趨勢方面，應避免下方葉片較小，或是整體形狀呈倒三角形的幼苗。還須檢查有無病斑、病痕，尤其是莖部接地處有染病的幼苗，可能會整株枯萎。

幼苗分辨方式

葉菜類的幼苗

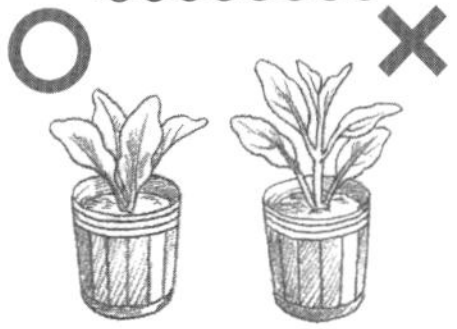

基部確實分散，葉片不會胡亂長出的幼苗（左）為佳。

瓜果類的幼苗

Q 如何種植幼苗？

A 使幼苗充分吸水後再移植。

移植幼苗時，適合在陰天且無風的日子下進行，若在強光或強風下移植的話，幼苗容易枯萎、受損。而且要讓幼苗充分吸水，植穴或盆器裡的培養土也須事先澆充足水分。根團不能散開，並留意種太深（根團的頂端須完全埋入土中）的問題，瓜果類幼苗務必立起暫時支架，以穩固幼苗。

瓜果類幼苗須立支架

立支架固定幼苗，使根部容易張開。

用畫 8 字型的方式，將莖與支架寬鬆地固定在一起。

幼苗移植至菜圃的作法

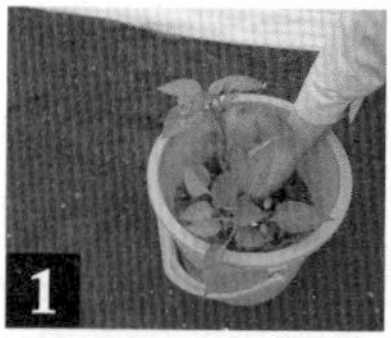

將整個軟盆苗小心地沉入水中吸水，切記不能用力壓進水裡。

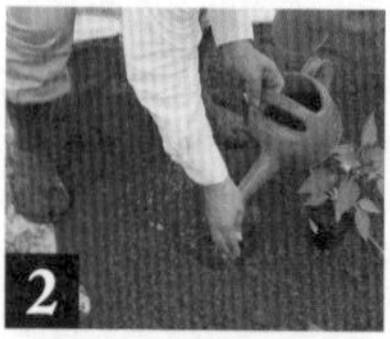

將大量的水注入植穴中。

從軟盆中取出，但須避免根團散開。

將植株基部用力壓入土中，使幼苗與泥土表面等高。

幼苗種好後在周圍小心地澆水。

立起暫時支架，並用 8 字型的方式固定幼苗與支架。

幼苗移植至盆器的作法

倒入 2 公分高的盆底石，再倒入培養土，並預留 4 公分高的澆水空間。

從軟盆中取出幼苗種植，但要避免根團散開。

幼苗種好後，在基部左右兩側覆土。

立支架固定幼苗，並且大量澆水直到盆底出水為止。

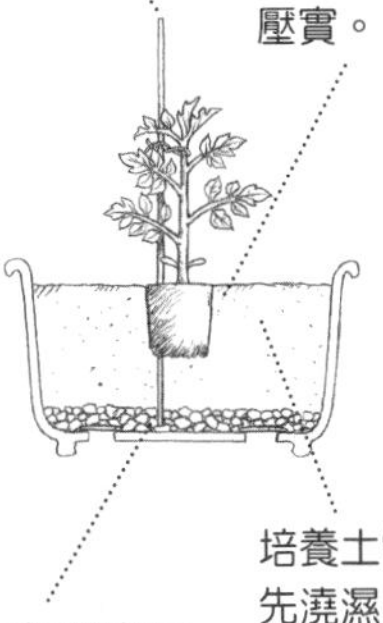

立支架。

幼苗種好後，將幼苗與培養土輕輕地壓實。

培養土需事先澆濕。

有無盆底石皆無妨。

不能種得太淺也不能種得太深

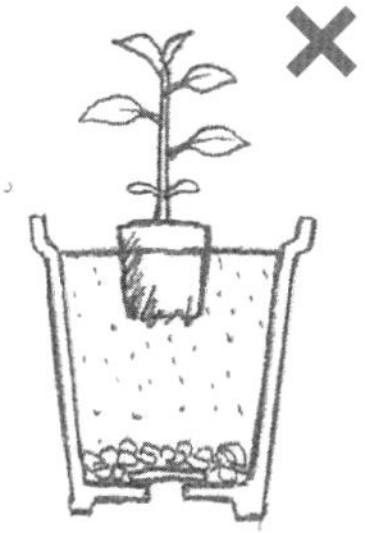

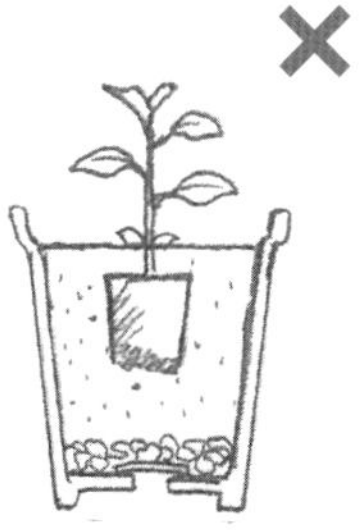

移植幼苗時，無論是種在菜圃或是種在盆器裡，泥土表面的高度皆須與幼苗板團表面等高。

Q 為什麼用花灑澆水須選擇網目較細的花灑頭？

A 因為可避免種子流失，也不會損傷幼苗，還能使水分完全送到土壤中。

菜圃必須在播種後，以及幼苗移植後澆水（依賴雨水的露地栽培，在生育期間幾乎不需要澆水）。

利用花灑澆水時，花灑桶前端最好是細網目的花灑頭，否則澆水時大滴水滴落在幼苗，恐使幼苗損傷，澆在泥土表面，則會使表土流失破壞田畦。而且大顆水滴一口氣澆在泥土上，水會流經田畦表面再流往通路，並無法送到當前最需要水分的幼苗及種子周邊，因此澆水時應選擇水會呈霧狀或噴灑狀流出的花灑頭。在泥土表面小面積播種後、為幼苗澆水（灌水）時，以及盆器栽培需澆水時，利用噴霧器在泥土表面及幼苗葉片上噴水，也能有效提供水分。

播種後澆水時，水量須充足。幼苗移植後澆水時則以不會枯萎的程度，少量即可，前提是在移植前的幾天前至前一天這段期間，都需要事先在田畦撒水，移植前再將幼苗浸泡在水中，使根團吸足水分。移植後再澆水是為了使根團與土融合，因此須移除花灑頭，避免水直接澆在植株上，所以此時常會用指尖一邊調節水量，一邊從根團外側邊緣繞圈澆水。

長根後假使超過1週未下雨，或在高溫乾燥期間，自地表起達5公分左右的泥土完全變乾時，才需要澆水。如果太頻繁澆水，有時會導致泥土中的空氣層變少，形成氧氣不足，或是根部腐爛等問題。

夏天應在傍晚澆水降低地溫，冬天應在地溫開始上升的早上至中午前澆水。想讓根部擴張時，祕訣在於不要一次給予充足水分，並且避免頻繁澆水。每次澆水時，以水分會滲透至土壤約5～6公分以下的地方為準，但須避免過度澆水。

水分不足根部就會失去活力，養分的吸收情形也會變差，使植株衰弱。想要種出健康的蔬菜，除了單靠澆水照顧之外，還能鋪上稻草、塑膠布、草皮、乾草來預防乾燥，使存在於泥土中的水分能被運用，這才是最重要的事。

利用花盆或盆器種菜時，因為保水量有限，所以當表土開始乾燥後，就需要大量澆水直到水從盆底流出為止。

花灑頭

網目最好要細一點。

盆器的澆水方式

一般的澆水方式

利用細網目花灑頭的和緩水流細心地澆水。為盆器澆水時，水量須充足，澆到水從盆底流出為止。

避免泥土噴濺的澆水方式

移除花灑頭，用手控制水勢再澆水，防止因泥土噴濺導致病原菌擴散。

吸水

移植前的幼苗，或是完全缺水的幼苗，可將整株幼苗小心地沉入裝有水的水桶裡吸水，但是切記須等根團自然下沉為止。

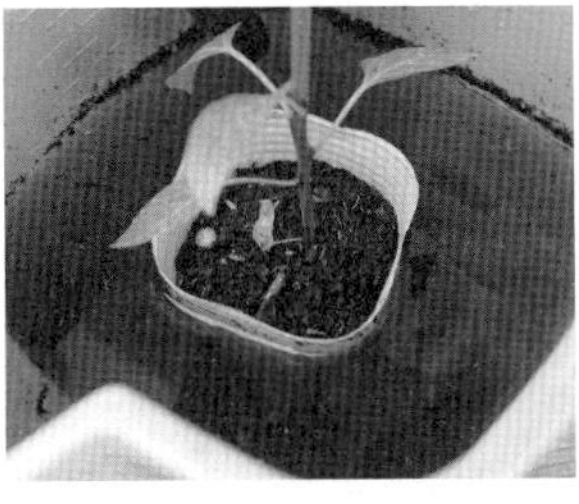

Q 菜圃在仲夏也需要每天澆水嗎？

A 基本上並不需要，因為土壤具有培育植物長大的保水力。

仲夏高溫期雨水少，菜圃容易乾燥，相信很多人會以為需要每天澆水。高溫容易使土壤中的水分自地面蒸發，作物也會為了降低體溫而大量蒸散水分，因此很容易讓人以為作物會水分不足，但是土壤具有保水力，可維持水分足夠植物生育。如為降水量異常短少，排水太好以致於容易乾燥的環境那就另當別論，但是千萬不能因為夏天便過度澆水。

耕作層（施行耕作的部分）位於菜圃表層，植物的根會從這層吸收大部分的養分及水分。耕作層的水與位在下方的地下水相連，當耕作層一乾燥，水便會藉由毛細作用從地下水上升。毛細管就是水的通道，它是在土壤粒子間的孔隙相連下所形成。毛細管的粗細會依土壤粒子的大小，以及團粒結構不同，而有大小直徑之別，因此保持水分的能力也是各有差異。

剛下完雨後，土壤粒子的孔隙間會呈現飽水狀態，其後水會自然隨著重力下降，而空隙便會有空氣流入。耕作層的水隨時受重力影響往下牽引，不過毛細管水卻會在表層附近違反重力作用，維持在小空隙供植物利用。大空隙則會有空氣取代流失的水分，因此小空隙愈多保水力愈佳。

耕作層尚有其他在土壤粒子因化學變化結合後，無法供植物利用的水分，植物根部可利用的有效水分，包含經毛細作用向上吸的毛管水（地下水）、降雨通過的水、夜晚水蒸氣冷卻後凝結成的水滴等等，其中含量較多，能穩定利用的水為毛管水。

另外除了藜亞科、十字花科之外，其他植物的根部都有同屬菌類的菌根菌（※ＡＭ）共生，提供植物水及磷等養分，不過目前已知，菌根菌可從大範圍收集水分供給植物使用。

就像這樣，菜圃水分的供給來源不只靠降雨而已，就算露地菜圃的表面看似乾燥了，但土壤中還是存在保水機制，能維持一定程度的水分，根部也會往有水分的地方生長。每天澆水，使植株周邊隨時具有水分的話，根部就不會往有水分的深層泥土中延伸，結果將導致不耐旱。

由此可知，**即便在仲夏之際，也不需要每天澆水。假使白天葉片感覺像要枯萎了，可在變熱前澆水，如果每天都是大晴天的話，可以一週澆1～2次水，但須避免在泥土高溫的白天澆水，請於傍晚再給予充足水分，這樣才能使作物耐旱，健康生長。**

可是用盆器栽培時，既沒有地下水，且毛管也不發達，因此種植環境容易缺水，此時澆水便是重要的水分補給來源。雖依盆器大小而異，但是幾乎都需要每天澆水，且澆水時水分須充足，直到水從盆底流出為止。

團粒結構示意圖

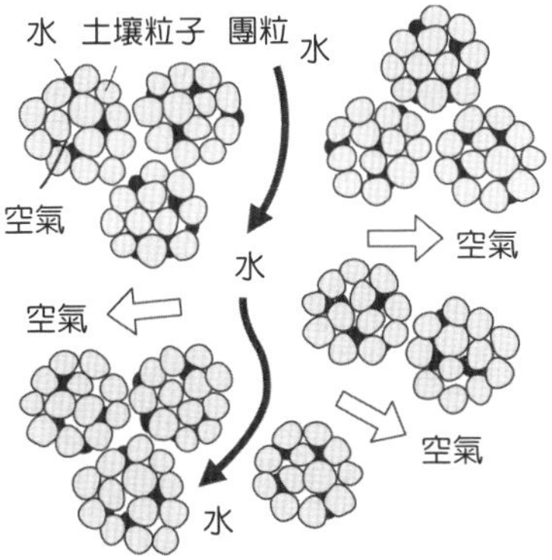

團粒是由植物或土壤中的微生物，以及小動物所分泌的黏性物質，還有蚯蚓糞便製造而成。

※AM（Gigaspora margarita）……與植物根部共生，雖會汲取能量，卻能供給磷。

Q 哪些蔬菜需要留意乾燥的問題？

A 在潮濕環境下長得好的蔬菜不耐旱。

諸如鴨兒芹、芋頭、西洋芹、蜂斗菜、茄子、蠶豆、橡葉萵苣等蔬菜，都是偏好潮濕的蔬菜，因此在栽培時須留意乾燥的問題。

一般來說，在地表擴張淺根的蔬菜大多不耐旱，包含草莓、蘆筍、茼蒿、韭菜、洋蔥、毛豆、蕪菁、蘘荷、小黃瓜等等。但是即便像是明日葉及巴西利這種直根性植物（大多耐旱），有些也不耐旱，因此這些蔬菜的植床最好避免築成高畦。

類似毛豆及花生等豆類，一旦在開花時期乾燥的話，結實情形有時就會變得極差，因此在培育這些蔬菜時，假使持續好幾天放晴的話，在開花前後務必澆水。

另外，雖說淺根蔬菜不耐旱，但也並非耐濕。潮濕、乾燥的情形一直頻繁地反覆出現的話，將對根部發育造成不良影響，因此植物並不喜歡這種環境。

培育作物時，也須留意品種的問題。例如番茄或茄子嫁接苗不想使用農藥的話，最好選擇耐病品種，或是栽培期間短的品種。

Q 擔心冬天很乾燥，真的不需要澆水嗎？

A 土壤會保持水分，因此不需要每天澆水。

即便地表看似乾燥了，**土壤還是能維持一定的水分含量，因此和夏天一樣，並不需要每天澆水**。每天澆水的話，反而會使土壤上層過於潮濕，導致根部不會往下生長，例如根莖類蔬菜便不會長出直根，有礙生長情形。

播種或移植後，需要澆水使根部與泥土融合，讓泥土穩定下來，之後大致上便不需要再澆水了。

另外，**用盆器栽培時則需要定期澆水**，但是冬天植物生育緩慢，因此應減少澆水。視蔬菜種類及生育狀況而異，**建議1週澆水1～2次即可**。

視條件而異，幼苗還小時需要3～4天澆1次水。待本葉長出且葉片變大後，就不需要澆水了。

Q 何時疏苗才恰當？

A 事先了解蔬菜的特性，並視成長情形進行1～3次疏苗。

通常在播種時會撒下大量種子一同發芽，使幼苗在生育初期密集生長至某種程度，藉此使幼苗順利長大。因此會撒下超出所需的種子，但會**依照生長進度進行疏苗，以免幼苗彼此爭奪養分、水分及光線。透過疏苗，還能使生育進度一致，也能去除畸形等有別於正常狀態的幼苗。**

疏苗有助於幼苗後續順利成長，因此作業時間點非常關鍵。疏苗時間過早的話，初期生育會延緩，也容易受氣候條件影響，甚至還會遭受病蟲害，而出現缺株等弊害；反觀太晚疏苗則會導致莖葉徒長，影響日後的生育。

疏苗通常會視成長狀況進行好幾次。第一次疏苗，也是為了調整播種的精度。當種子全部發芽且子葉張開後，疏苗能去除種子重疊發芽的部分，以及子葉重疊密集的問題。

第二次疏苗，會在本葉長出2～3片時進行，將形狀不良的幼苗，以及受病蟲害侵犯的幼苗去除。日後隨著成長狀況隨時進行疏苗，形成間隔使幼苗的葉片彼此稍微碰觸到即可。此時已過了讓幼苗彼此競爭成長的階段，幼苗已經確實長成了，因此須留意光線、通風問題，避免幼苗彼此爭奪養分及水分。接下來在本葉長出5～6片時，要形成最後的株距。另外像是紅蘿蔔等種子較小，且發芽情形不佳的蔬菜應密集播種，這類蔬菜在幼苗時期彼此競爭的話能促使生育，過早疏苗反而會出現反效果。這時候第一次疏苗時間最好晚

疏苗的作法

用筷子、手或鑷子將幼苗小心拔除，避免動搖到其他幼苗的根部。

一些，待本葉長出1～2片時再疏苗，使株間達2～3公分左右。蘿蔔的種子比較大顆，所以1處分別點播4～5顆種子，最後疏苗時，在本葉長出4片後的「初生皮層剝落期（根基部的皮層開始出現裂紋）」，再疏苗成1根幼苗。

所有疏苗工作的共同點，就是疏苗時不能損傷保留的植株根部，當植株過小時，須使用剪刀從地際處剪斷。接著在疏密後，務必培土，好好照顧以免植株倒伏，或是胚軸部分因風晃動而損傷。

疏苗 以櫻桃蘿蔔為例

※ 適合各種蔬菜的疏苗時間大致都是固定的，因此最好檢視種子包裝袋及書籍加以確認。

第一次

本葉長出2片時，疏苗成2公分的間隔，接著培土。

第二次

本葉長出3～4片時，疏苗成3～4公分的株間，接著培土。

第三次

本葉長出4～5片時，疏苗成6～7公分的株間，接著覆土。

第四次

本葉長出7～8片時，疏苗收成，接著培土。

Q 需要施肥嗎？

A 建議使用肥料補充養分不足的問題。

植物生長需要營養，但是是否必須使用肥料，那又另當別論。

大自然的植物藉由自然生態運營下的物質循環機制供給養分，因此不需要另外施肥也能生長。植物必需的營養成分，會在小動物及微生物的棲息過程中，經由分解植物的落枝及落葉、大小動物的糞便、動植物及微生物的遺骸等各種有機物後製造出來。就像這樣，自然界存在培育生物的機制，尤其泥土具備培育植物的力量，這種力量便稱作地力。

但是棲息在菜圃泥土裡的小動物及微生物等生物，較自然界少之又少，也沒有落枝及落葉，收成物還會被帶至他處，因此進入土壤中的有機物極少，所以藉由物質循環機制供給養分的話，並不足以培育蔬菜。

因此，**現今的農業技術才會認為需要施肥，以補充不足的營養成分，但是施肥並不是單純將營養成分直接供應蔬菜而已，同時也認為應該供應有機物以活化土壤中的生態環境**。也就是說，前者能立即促進蔬菜成長，後者可強化地力。栽培愈是人工化，自然界原有的生態環境維持機能將逐步喪失，使得大自然的循環機制變得不穩定。考量到兩者間的平衡，最關鍵的一環取決於肥料種料與用量。順帶一提，化學肥料屬速效肥料，堆肥及有機質肥料則能想像成藉由恢復地力來幫助植物生育。

Q 追肥時應使用何種肥料？

A 不能只求速效，應使用有機肥料。

追肥時很多人都希望能馬上見效，通常會傾向於使用速效且方便操作的化學肥料。不過速效型肥料的缺點是容易溶於水，因此容易因澆水而流失，且土壤乾燥時泥土中的肥料濃度會上升，而容易引起肥傷。針對這個缺點，如要使用化學肥料的話，建議使用容易操作的「IB化學肥料」等緩效性肥料，追肥次數也能減少；如要使用有機肥料的話，則建議使用發酵有機肥料（使之發酵後製作而成的肥料）。

建議使用的追肥

IB 化學肥料

屬於緩效型，使用方便。

有機液體肥料

無化學成分，使用有機質成分製成的液體肥料。用水稀釋後使用，噴灑於葉面上也能看出效果。

發酵有機肥料

混合數種有機質原料發酵而成的肥料。肥料成分均衡，使用方便。可自行調製，也能使用市售產品方便施肥。肥料成分含量會依原料配方而異，因此請視用途選購。

苦楝粕

以壓製印楝籽油所剩的殘渣為肥料，兼具驅蟲效果。

Q 如何施肥？

A 嚴守施肥時間、稀釋率及分量。

肥料分成栽培作物前混於土壤中的基肥，以及配合植物成長供給的追肥。土壤中能維持的肥料成分含量有限，因此基肥應加入土壤能維持的分量為止，在生育途中缺乏肥料時，再以追肥的方式補充。**每種蔬菜及肥料的適用量及施肥次數各異，因此請事先詳閱說明書。**

基肥須於培育作物前，將規定分量仔細地在菜圃或培養土中拌勻備用。若有凝固的肥料觸碰到根部，有時會使根部生長發生問題，尤其是蘿蔔，一旦根部下方存在的話，恐會造成蘿蔔裂開。

追肥施加的地方非常重要，在菜圃施液肥時，必須施加在根部前端可能存在的地方或是植株基部；固態肥料則應放置在距離根部前端有點距離的地方，使根部生長出來吸收肥料。以盆器種菜的話，液肥可取代澆水，固態肥料則須放置在盆器邊緣。

想讓植物從根部吸收有機質肥料時，需要微生物進行分解，而且所有的有機物都需要長時間才能分解，因此施加的肥料只有局部能夠立即見效，所以除了在作物生育期間給予有機質肥料外，菜圃休耕時也須適度施加。

將肥料放置在根部稍微前端的位置

將肥料放置在根部稍微前端的位置，可促進根部生長出來吸收肥料，長成健康的植株

追加固態肥料

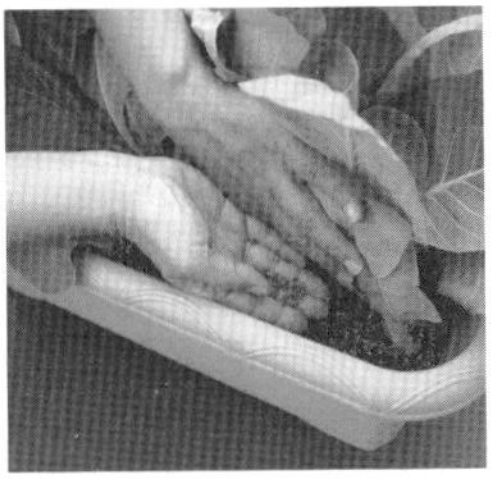

利用盆器栽種時，放置在距離植株基部有點距離的地方。

利用菜圃栽種時，撒在距離植株基部有點距離的地方，再與土壤混合在一起。

作為基肥混入菜圃土壤或是盆器的培養土中

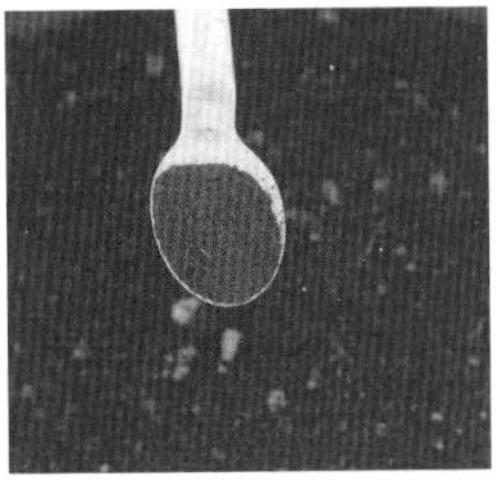

利用盆器栽種時，須在移植前適量加入培養土中充分混合均勻。

利用菜圃栽種時，在作畦時適量撒在土壤中使之翻犂入土。

利用液體肥料追肥

配合使用作物及使用方法以水稀釋，再灌入土中或是噴灑在葉片上。

稀釋成 300 倍時，每 1 公升的水需要準備 3 毫升的液肥。

先加水，再倒入原液，然後充分混合均勻。

取代澆水澆入盆器中。

倒在菜圃裡植株的根部先端或植株基部。

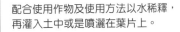

Q 栽培的主要作業有哪些？

A 多用點心，蔬菜就會格外美味。

栽培蔬菜除了需要疏苗及覆土等作業之外，還需要進行摘芽、誘引、摘心、下葉處理等步驟。**藉由正確的作業，可幫助蔬菜成長，使營養集中於作物上，還能改善通風及日照問題，更能提升病蟲害防治的效果。**

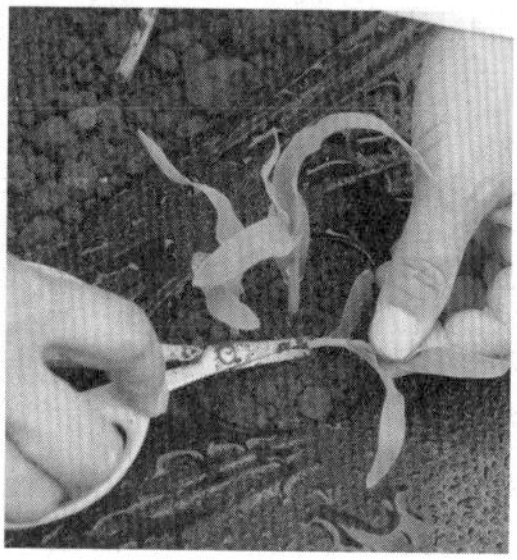

疏苗

先讓幼苗彼此競爭，再留下狀況理想的幼苗。

立支架

固定幼苗，以便誘引枝蔓。

地面覆蓋

被覆泥土表面加以保濕、保溫、防止雜草等等。

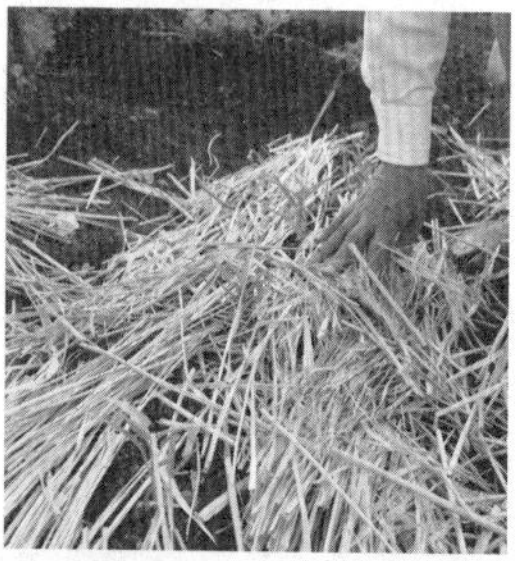

鋪稻草

地面覆蓋的一種。高溫時有時會在塑膠布上頭鋪上稻草，屬於自然素材。

撒米糠

增加好菌，使好菌與病原菌相互競爭，以預防疾病。

主要的栽培作業

每種蔬菜都有其必須施行的作業，
大家要確實執行喔！

架網

用於防鳥、防蟲、防寒等等。

誘引

保護枝條，控制生長的位置。

摘芽

將養分集中於主枝上，防止過於茂盛。

下葉處理

去除結束任務的葉片，防止病蟲害。

疏果

疏幼果以收成更理想的果實。

人工交配授粉

幫助不容易自行授粉的蔬菜交配。

去雜草

尤其在蔬菜生育初期放任不管的話，會出現蔬菜日照效果差、養分被搶走等不良影響。

摘心

摘除頂芽，抑止向上生長。

中耕

稍微翻動表土，改善透氣性及排水。

Q 不同蔬菜的培土方式會不一樣嗎？

A 容易倒伏的蔬菜，依其特性須留意的重點就會不同。

培覆土有幾個目的，但是共同點都是為了避免植株倒伏，使其穩固立起。一旦植株倒伏，生育就會遲緩，發生病蟲害的風險也會升高，多多少少都會出現弊害。

例如甜玉米、青花菜等根部上方發達的蔬菜便容易倒伏，因此培土以確保根量是很重要的事，切記須在這些蔬菜的生育初期階段開始培土。同樣包含薯類的根莖類，為了確保收成量，培土也是很重要的作業，當根部開始變粗時，或是開始結成子芋時，就要開始培土。過早培土的話，有時會因為地溫下降導致成長遲緩，好比馬鈴薯會在種芋的上方部位長出新的子芋，但是一開始種在較深的位置，初期生育就會變差。而紅蘿蔔及馬鈴薯都是根部或根莖部露出來照射到陽光便會綠化的蔬菜，尤其是馬鈴薯，綠化後會在表皮的綠色部分生成大量具神經毒性的龍葵鹼，大家千萬要小心（紅蘿蔔不具毒性）；幸好紅蘿蔔在疏苗時，還有馬鈴薯在摘芽時，只要確實培土就能加以預防。

疏苗後的培土作業

疏苗後幼苗會變得不穩固，因此須從兩側或在沒有土的地方確實培土，固定幼苗。

根莖類的培土作業

生育初期根部假使冒出地面，恐會倒伏或無法長直。例如馬鈴薯的上端一旦冒出地面就會變成綠色，所以須特別留意。

Q 天氣炎熱時，擔心地溫升高怎麼辦？

A 可利用稻草或乾草覆蓋來對抗高溫。

塑膠布（PE塑膠膜）會因為不同顏色，導致地溫上升程度出現差異。例如**銀色或白色能反射陽光，還有黑色會吸收陽光抑制太陽能進入地面，因此能抑制地溫上升。**

但是整個田畦完全披覆的話，會抑制地面的散熱情形，因此夏天盡可能將塑膠布移除，改以稻草或乾草覆蓋為宜。

如果是為了抑制雜草、管理水分等目的，而無法移除塑膠布時，可在塑膠布上方鋪稻草或枯草，即可抑制上述弊害。

【覆蓋】 利用稻草等資材覆蓋田畦或作物根部。

預防乾燥覆蓋塑膠布 1

例如紅蘿蔔不喜乾燥，因此播種後應鋪上大約5公釐厚的稻殼。

預防地熱覆蓋稻草

覆蓋稻草至得以遮蓋田畦的程度，以降低地溫。

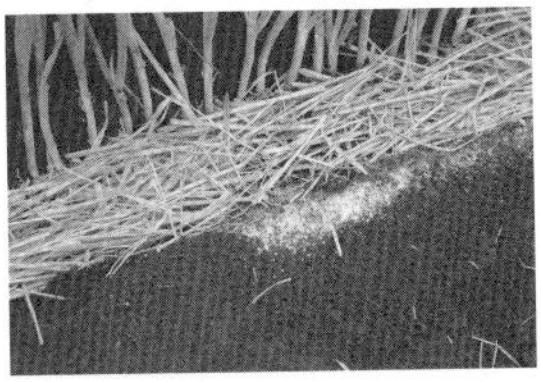

預防乾燥覆蓋稻草 2

種植蔥時培土較薄，因此須藉由覆蓋稻草防止乾燥。

Q 如何立支架？

A 基本的立支架方法共有4種，可幫助蔬菜有效開枝散葉，提升收成量。

支架具有支撐植株避免倒伏、確保日照及通風、改善菜園栽培效率等作用，視各種蔬菜的培育方式架設支架。例如合掌式的強度較佳，但是上方部位的枝葉會混雜在一起。

【拉繩型支架】

用來支撐無藤蔓四季豆等容易倒伏的蔬菜。在作物北側及背面等處的兩端立起支架，再以繩子連結起來支撐作物。

背向南側立起長 50～70 公分的支架後綁上麻繩。

中間點同樣立起支架，然後再用力拉起麻繩。

在作法 1 的另一側也同樣立起支架，接著用力綁上麻繩。

麻繩的綁法

由於果菜類的枝幹抽長後就會結成果實，為了避免倒伏或彎折，須立起支架確實誘引。此時要讓枝幹與支架呈 8 字型綁在一起，以便枝幹長粗後繩子也不會陷進枝幹裡。

中期採收平行型支架

適用於四季豆或毛豆等，1～3個月即可收成的小型瓜果類蔬菜的支架。於植株前後方組合支架，以平面方式支撐植株。

植株長高且莖葉茂盛生長後，在四個角立起70公分的支架。

將90公分的支架斜向交叉，再於中間立起70公分的支架即可。

前面也和後面一樣組起支架，最後建議用麻繩綁好。

簡易合掌型支架

可有效幫助番茄及小番茄等會長出1根主枝的瓜果類生長。將200～240公分的支架於上方部位交叉，接著再橫向架上支架。

取支架於左右兩側插入菜圃深處，另一側也以相同寬度插入1組支架，並將交差部位綁牢。

在兩端支架上方橫向架上支架，並在交叉部位確實綁牢。

於兩端支架的對角線上插入輔助支架，綁牢後用來固定支架。

穩定交叉型支架

適用於茄子或青椒等會長出好幾根主枝的作物。將3根支架以等間隔的方式交叉，一邊培育出3根主枝，再同時加以誘引。

移植後馬上立起1根暫時支架。

待植株長高後換成2根120公分的正式支架。

待枝幹抽長後插入第3根支架，但須避免損傷根部，並誘引枝幹。

Q 如何交配授粉？

A 用手將雄蕊與雌蕊結合在一起。

瓜果類會在開花授粉後結果，雖然蔬菜也能靠一己之力授粉，但是**某些作物分成雄花及雌花，有些需靠昆蟲協助，因此藉由人力可使蔬菜更容易授粉**。此時雖然也能噴灑成長促進劑在花朵上，但是一般人普遍不喜歡使用藥劑。

再者，像是以異花授粉為主的甜玉米，必須種植某個數量以上的植株，否則不容易授粉，而且會結出掉齒般的玉米穗。

番茄等蔬菜

輕拍花朵加以搖晃，使花粉掉落方便授粉。

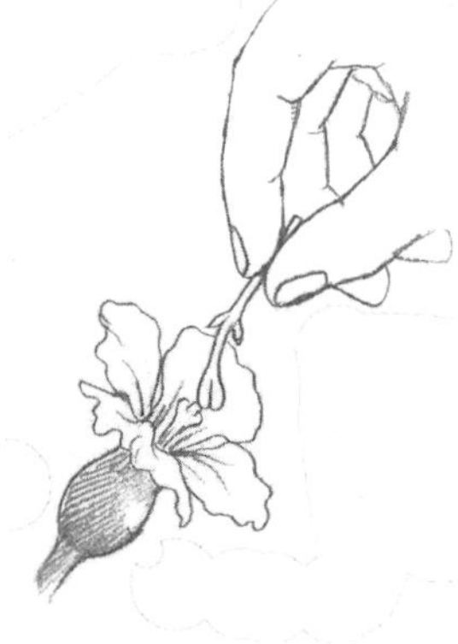

南瓜、西瓜及哈密瓜等蔬菜

擁有雄花與雌花的作物，須將雄花的花粉沾在雌花上。1個雄花可將花粉沾在2個左右的雌花上。南瓜必須以異株的雄花授粉，否則無法結果。

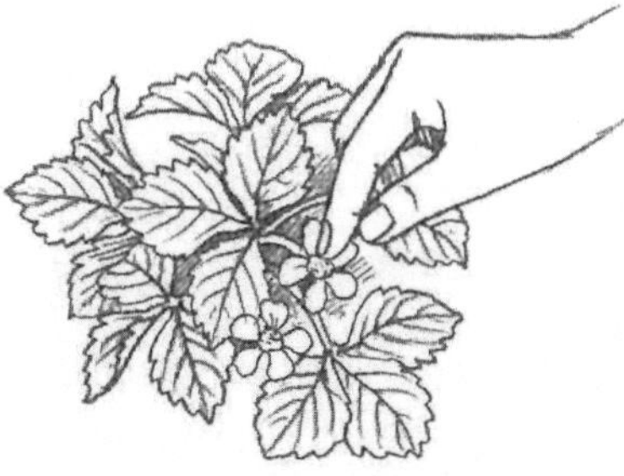

缺少蜜蜂不容易自花授粉的蔬菜，可用人的手或毛筆等工具前端觸碰花朵加以授粉。

Q 如何採收？

A 避免太晚收成。

收成時不能錯過每種蔬菜的收穫適期，並且盡可能在一大早收成，而且蔬菜分成需要逐一（慢慢）收成的作物，以及一次採收的作物。收穫適期視種類、品種、時期而異，例如小松菜在夏天播種時需要20～30天、秋天播種時需要40～50天才能收成；瓜果類依據開花後（授粉後）的天數，大致可判斷出收成時間，不過還是會依品種及環境而起變化；蘿蔔如果太慢收成會出現空心狀態，因此須特別留意。

許多蔬菜現採現吃最為美味，大量收成時，務必事先考量如何處理以及保存的問題，例如馬鈴薯及花生在收成後須陰乾，南瓜等蔬菜在收成後有些則需要追熟。

逐一收成的蔬菜

小番茄必須成熟後再行採收。

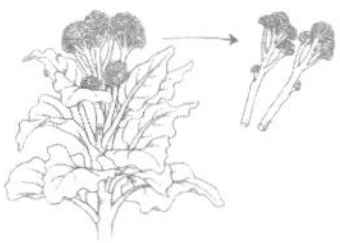

長梗青花菜長到適當高度後即可採收。

橡葉萵苣應從外葉開始採收。

一次收成的蔬菜

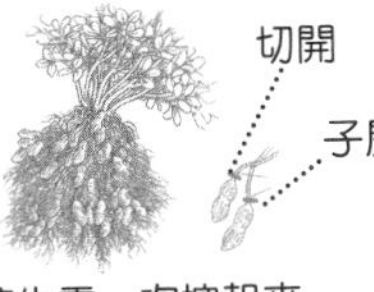

花生需一次挖起來再陰乾 2～3 天，然後一顆顆分開。

韭菜採收時須從地際保留 2～3 公分。

Q 多種蔬菜各種一些，與一種蔬菜大量種植，哪一種方式比較好？

A 如為家庭菜園，最好少量種植各種蔬菜。

大家需要的蔬菜種類及數量不同，但是一般在家庭菜園裡頭，很少人會想要同時大量種植同一種蔬菜。**少量種植各種蔬菜，品嚐時才不會一成不變，且考量到生產的現實面，同時種植各種蔬菜才能合理順應生態環境的機制。**

再者，如果在家庭菜園大量種植同一種蔬菜，有些蔬菜能經常拿來食用，有些蔬菜每年僅能收成一次，而且還分成收穫適期長或是可存放的蔬菜，於是可能在栽培時會變得比較草率，例如地瓜、馬鈴薯、洋蔥、紅蘿蔔等蔬菜便是如此。

可減輕病蟲害的資材

以苦楝粕作為驅蟲劑

印楝籽成分高的肥料中，具有驅蟲的效果，因此可作為肥料使用，也能當作驅蟲劑。

將苦楝粕撒在玉米的雄蕊上，即可看出驅蟲效果。

靠醋加燒酎對抗病蟲害

將米醋與燒酎（酒精濃度 35 度）等量混合而成，具殺菌作用，因此定期噴灑能防治白粉病。調製時請將米醋及燒酎分別稀釋成 300 倍（每 1 公升的水分別加入 3 毫升的米醋及燒酎），十字花科 2 週噴灑一次，葫蘆科 1 週使用 1 次。

Q 堆肥或發酵有機肥料有辦法自行製作嗎？

A 可自行製作，但是家庭菜園還是購買市售品為宜。

堆肥是以落葉樹的落葉及牛糞等為原料，作為耕地時的土壤改良材料。自行製作時需要空間及時間，因此還是以購買完熟後的國產品為宜。耕耘時1平方公尺的菜圃需將1～2公斤的堆肥翻犁入土。

發酵有機肥料也能自行製作，但是臭味強烈，而且製作過程十分麻煩，因此建議使用市售的發酵有機肥料。根莖類蔬菜的基肥與追肥適用氮成分多的肥料，瓜果類蔬菜的基肥及追肥則適合磷成分多的肥料。

小菜園適用的堆肥作法

將收集到的落葉（落葉樹）放入圍欄中。

整面撒上米糠直到遍布一層淺白色為止。

澆水使整體濕透。

充分混合均勻，並重覆作法1～3數次，使之堆疊成好幾層。

蓋上遮雨蓬，且須經常攪拌使之熟成3個月以上。

Q 有沒有一起種會收成更好的蔬菜？

A 蔬菜中有共榮植物。

在同一塊田畦中排列種植多種作物，或在多塊不同的田畦分別種植不同的作物，便稱為「混植」或「混作」。**在混植、混作之後，能夠互相給對方產生助益的植物組合，就稱為「共榮植物」，在蔬菜當中也存在這樣子的關係。**

原本在大自然裡頭，就不像菜圃經人工栽培只會生長單一作物，而是有許多不同種類的植物一起共存共榮，形成一個群落。此時可將能夠形成穩定群落的數種植物，想像成一群好夥伴。

目前已知，栽培蔬菜通常會以小黃瓜與青蔥、番茄與韭菜、番茄與花生、茄子與巴西利、紅蘿蔔與毛豆、高麗菜與萵苣等組合一同種植。在小黃瓜與青蔥的組合下，小黃瓜根部所排放出來的排泄物會被長蔥分解利用，而長蔥根部排放出來的排泄物則會被小黃瓜分解利用，互相促進對方的成長。另外，根部的排泄物，推測是為了吸引能和植物共存共榮的微生物來到根部周邊，因此才會排放出來，這些群聚過來的微生物，便稱為根圈微生物。目前已知，長蔥的根圈微生物中存在好菌，能對抗導致小黃瓜土壤病害的病原菌，所以能預防小黃瓜根部的疾病。

除了上述這些明白前因後果的組合之外，還有很多例子是由栽種經驗所得知。由於微生物會因為天候或土壤狀況等因素而產生不同作用，因此並非每次都能有好的結果，但在家庭菜園裡方便進行混植、混作，所以大家不妨多方嘗試，說不定會有新的發現。

另一方面，也有避免一起種植以免相互影響的組合。具體而言，就是草莓與韭菜、小黃瓜與四季豆、西瓜與四季豆、蘿蔔與長蔥、茄子與玉米、紅蘿蔔與四季豆、哈蜜瓜與四季豆、萵苣與韭菜等等。這些組合會造成生長情形變差，所以請注意別將它們種在一起。

共生植物的林林總總

番茄與羅勒

羅勒能使害蟲遠離，並吸引訪花昆蟲。且這兩種蔬菜在料理時也十分對味。

番茄與韭菜

讓韭菜的根部包住番茄的根部來種植，這樣一來，與韭菜根部共生的微生物，就能保護番茄免於土壤病害。

茄子與韭菜

跟番茄與韭菜的組合一樣的，種植時最好讓韭菜幼苗包圍住茄子幼苗。

蔬菜共生植物的範例

番茄與韭菜、番茄與花生、番茄與羅勒、茄子與韭菜（或大蒜）、紅蘿蔔與毛豆、小黃瓜與青蔥、香瓜與長蔥、西瓜與蔥、草莓與蔥、馬鈴薯與毛葉苕子。

Q 何謂綠肥作物？

A 可改良土壤並變成肥料，使作物健全生長的作物。

綠肥作物不可食用，主要用來種在菜圃中再翻犁入土，作為肥料或有機物，幫助土壤改良的作物。最具代表性的綠肥作物，為禾本科與豆科植物。禾本科的作物包含小麥、大麥、燕麥、裸麥、高粱等等，粗壯根部能延伸至地底深處，在接近地表的地方則會布滿細根，因此栽培後可促進土壤團粒化，改善透氣性、排水性，還會有許多有機物進入土壤中，使菜圃的營養成分更加豐富。

豆科的綠肥作物當中，共有夏天播種的豬屎豆、田菁、決明等等；秋冬播種的則有毛葉苕子、紫雲英、紅花三葉草等等。**這些綠肥作物的根莖葉分量都很多，因此可作為覆蓋資材或是翻 入土，與加入堆肥一樣，同樣可看出土壤改良及施肥的效果。豆科植物的根部會有根瘤菌共生，供應氮給植物及土壤，而禾本科綠肥作物的根圈中，也會有非共生但可穩定氮的微生物聚集。**

藉由綠肥作物的栽培，可使土壤微生物更加多樣化，抑制病原菌的產生，作物也容易獲得營養成分，眾多好處備受期待。尤其禾本科的綠肥作物當中，有些種能抑制根瘤線蟲，另外豆科的綠肥作物當中，某些種則能抑制根腐線蟲。

禾本科綠肥作物這部分，直到開始結穗為止，通常會細心培育再收割下來，但是為了配合後續作物的播種時間，也能在生育途中收割，另外還能直接種到枯萎為止，再用來取代披覆的塑膠布或稻草。**只要田畦有空間，都會建議大家「先種綠肥作物再說」**。

主要的綠肥作物

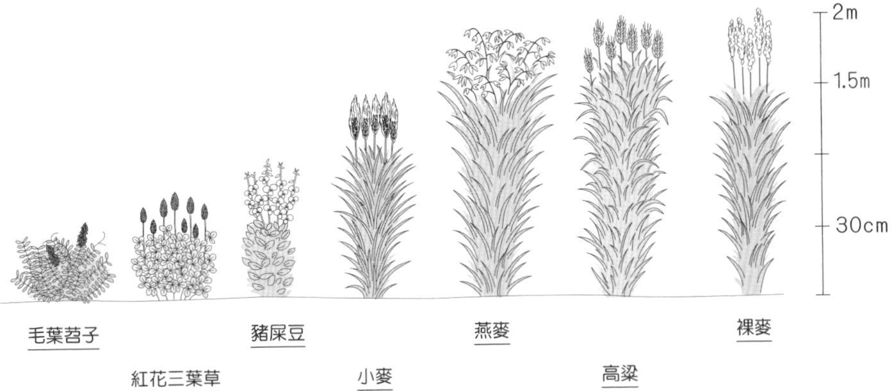

洋蔥與小麥的遮護栽培

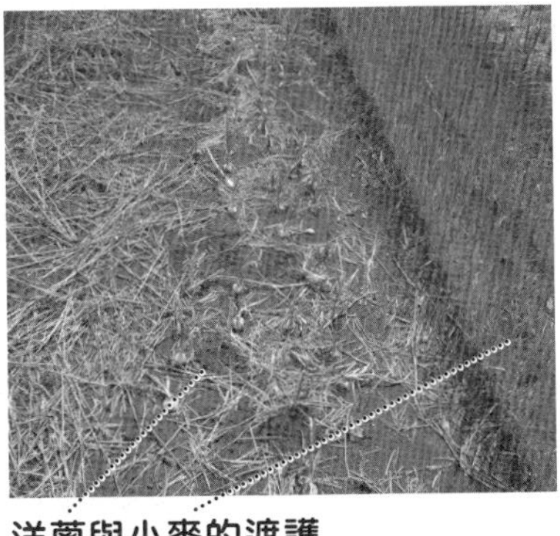

洋蔥與小麥的遮護

在洋蔥兩側種植小麥作遮避，防止害蟲飛來。待洋蔥收成後，再將小麥翻犂入土。

西瓜的覆蓋栽培

覆蓋用麥類與西瓜

將適合在秋天播種的小麥及大麥於春天播種之後，最終並不會結穗，而會倒伏下來，因此可將小麥及大麥的莖葉用來固定藤蔓，進行覆蓋栽培。建議在西瓜的植床兩側撒下小麥種子，待西瓜收成後，再將用作覆蓋的麥類翻犂入土，也可以直接鋪在菜圃裡。

Q 何謂輪作、間作、混作？

A 小型菜園應積極運用間作、混作來種菜。

將同一種作物反覆栽培在同一個地方時，作物的長成會變差，稱作「連作障礙」。為了避免這個問題，將菜圃裡的作物配置方式，以及將數種作物栽種順序合理地搭配，再加以模式化，使數種作物在幾年內循環一次的栽培方法，稱作「輪作」。**輪作首重作物的栽種順序，諸如在植物學上分類屬於同一科的作物、會發生相同病蟲害的作物、必需養分有類似傾向的作物等等，生理面的生態傾向相似的作物應避免連作，**如此一來，除了可使營養成分的吸收情形更均衡之外，根部周圍的微生物也會變得多樣化，使土壤生態環境穩定，**作物才能健全生長**。

有效輪作的方式，共有「間作」和「混作」，在同一個菜圃裡幾乎同時進行數種作物的栽種。

間作是在作物的畦間，或相鄰田畦培育其他作物。舉例來說，在蘿蔔的田畦通道上撒下麥類種子，接著在培育麥類的田畦與田畦之間種植西瓜，待麥類收成後就會變成種西瓜的菜圃。過去在旱田地帶一般採行間作，會在蔬菜的田畦與田畦之間培育麥類，作為預防強風及害蟲的屏障。

混作通常會以番茄與韭菜、哈蜜瓜加小黃瓜加蔥、牛蒡與菠菜等共生植物的組合搭配，種在同一處田畦中。也會在不用農藥的栽培法中施行混作。

最近綠肥作業也會用於輪作、間作、混作之中，作為培土及病蟲害對策的一環。

間作、混作之範例

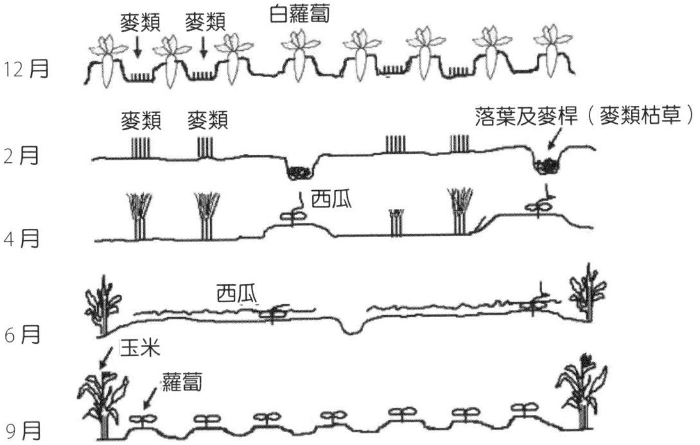

輪作之範例

第 1 年	夏作	茄子 or 番茄（茄科）
	秋作	高麗菜 or 青花菜 or 蘿蔔（十字花科）
第 2 年	夏作	玉米 or 綠肥作物
	秋作	萵苣（菊科）
第 3 年	夏作	小黃瓜 or 南瓜 or 西瓜（葫蘆科）
	秋作	菠菜（藜科）
第 4 年	夏作	毛豆（豆科）
	秋作	紅蘿蔔（繖形科）
第 5 年	夏作	地瓜（旋花科）
	秋作	洋蔥（百合科）
第 6 年	夏作	秋葵（錦葵科）
	秋作	山茼蒿（菊科）
第 7 年	回到第 1 年	

※範例中的輪作方式可從任一時期開始栽種。錯開時間後，每年都能種出各種蔬菜。

Q 菜圃如何分區？

A 用心搭配不同蔬菜加以種植，可使土壤內含更多養分。

搭配不同科的作物、深根作物、淺根作物等加以**混作或間作之後，可改良土壤，抑制病蟲害的產生，還能使雜草變少、微生物增加，讓土壤內含更多養分**。

尤其在小菜園中，即便想要繼續栽培相同作物或同科作物，畢竟缺少得以輪作的空間，因此很難滿足這個需求。但是**藉由混作或間作的方式，哪怕空間再小，每年還是能種出相同作物及多種作物**。

話雖如此，在家庭菜園每年有計畫地種植多種作物並非容易之事，因此種植時最好不要考慮採用同科的作物連作。

春夏栽種範例（20㎡＝4×5m）

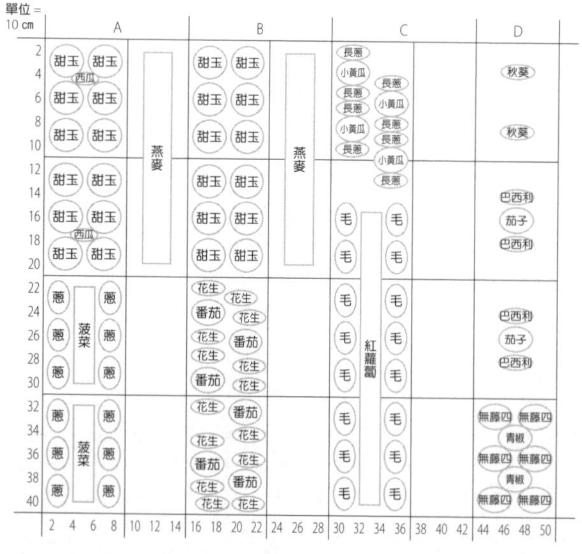

搭配共生植物與綠肥作物，培育多種蔬菜。

甜玉＝甜玉米　蔥＝蔥　花生＝落花生　毛＝毛豆　矮豆＝矮性四季豆

善用綠肥作物的栽種範例

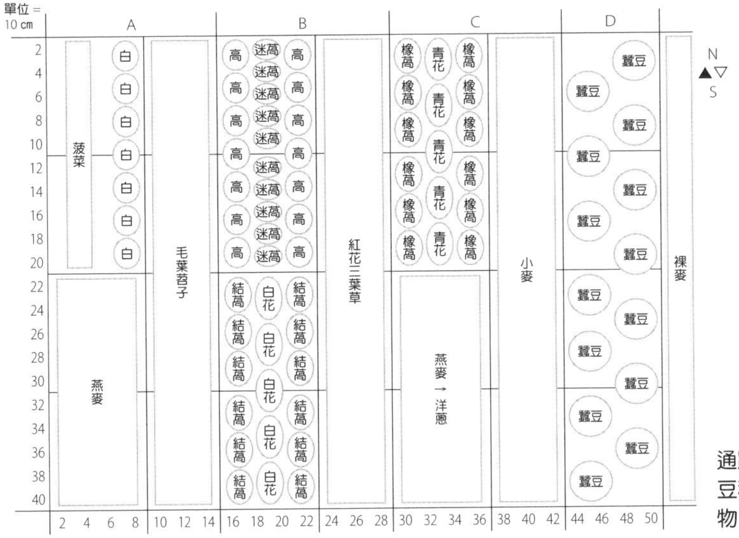

通路也能栽培豆科等綠肥作物。

善用共榮植物的栽種範例

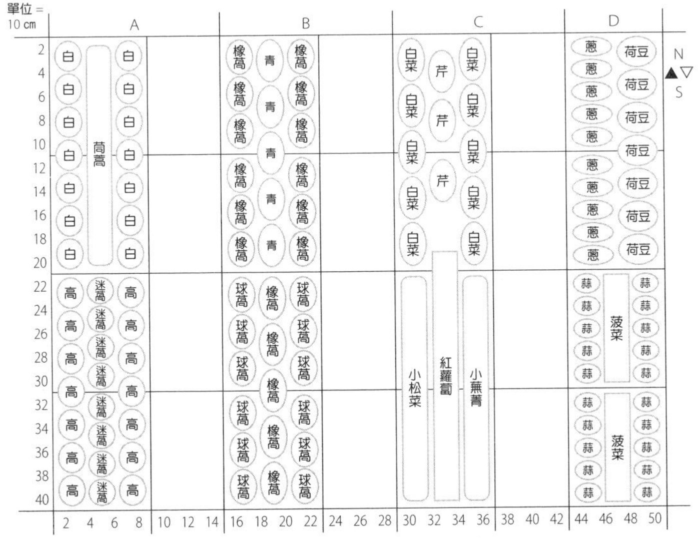

各田畦皆混作性質合適的共生植物。

白＝蘿蔔　高＝高麗菜　迷萵＝迷你萵苣　球萵＝結球萵苣　白花＝白花菜　橡萵＝橡葉萵苣
青花＝青花菜　荷豆＝荷蘭豆　蒜＝大蒜　蔥＝青蔥　芹＝中芹

Q 病蟲害應如何因應？

A 事先了解每種蔬菜容易遭受的病蟲害。

幾乎所有的作物都會發生病蟲害。想要解決病蟲害問題，須在栽培法上徹底下工夫，首先應整頓日照及土壤等環境，再來要培育出健壯的蔬菜、挑選能耐病的品種、避免連作、利用隧道棚栽培披覆、善用共榮植物等等。

不過即便做好了萬全措施，還是一定會發生病蟲害，因此可用苦楝粕或醋加燒酎等忌避劑加以預防，且每天都要用心觀察，以便早期發現早期因應。還要了解正在培育的蔬菜容易遭受何種病蟲害，才容易察覺異樣。

發生病蟲害後，須捕殺害蟲，作物生病時則須除去被害部位及植株。使用農藥處理病蟲害時，請使用成分天然的產品，或是微生物農藥等安全性高的產品、對天敵影響較小的產品。

不用農藥解決病蟲害問題

捕殺菜蟲等害蟲。

將生病的葉片、沾附蟲卵的葉片等拔除。

噴灑醋加燒酎或忌避劑。

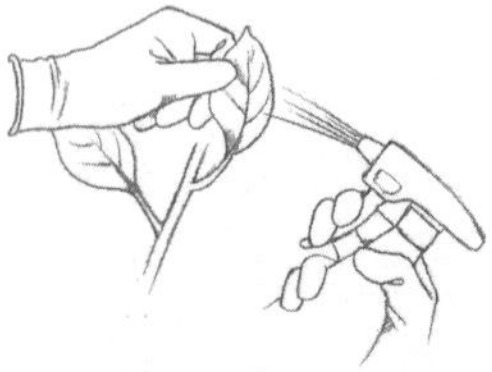

發現葉蟎時在葉背噴水即可。

主要的病蟲害

有些病蟲害容易發生在許多蔬菜上，有些只容易出現在特定蔬菜上。

露菌病

真菌會由氣孔侵入並變黃。

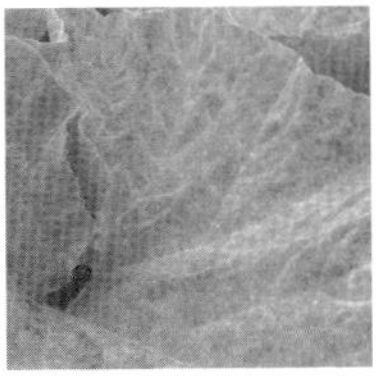

白粉病

起因於真菌，變得像是撒上一層白粉一般。會發生於高溫乾燥的環境。

猝倒病

起因於真菌，變色後會腐爛。大部分的蔬菜都會發生。

菜蟲

白粉蝶的幼蟲，會食害高麗菜及青花菜。

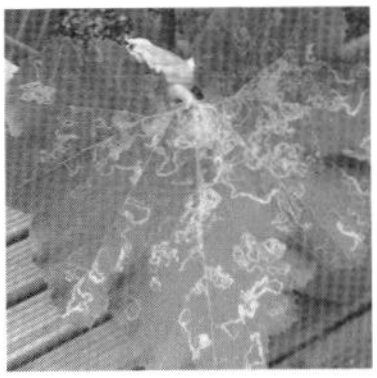

潛蠅

像蛆一樣的幼蟲會像畫圖一般在葉肉中製造食害。

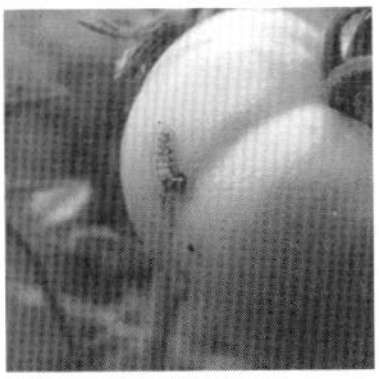

番茄夜蛾

主要侵害番茄及青椒等作物的害蟲。幼蟲會食害葉、莖、果實。

蚜蟲

會發生在許多蔬菜上。通常會在新芽等處吸汁，其排泄物則會導致蔬菜生病。

豆椿象

毛豆的主要害蟲。無論成蟲或幼蟲都會在新芽及莖上吸汁。

黃守瓜

小黃瓜的主要害蟲。會食害葉片，造成許多孔洞。

青蛾蠟蟬

無論成蟲（右上）或幼蟲都會在新芽及莖上吸汁。幼蟲的成塊棉絮狀看起來很噁心。

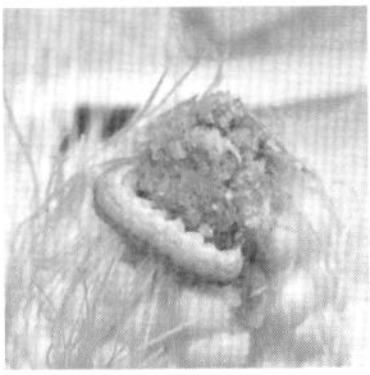

亞洲玉米螟

玉米的主要害蟲。幼蟲會食害果實及內部。

天蛾的幼蟲

種類繁多，會食害蔬菜。

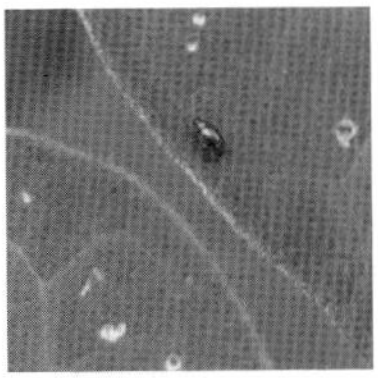

番茄葉蚤

這種甲蟲會大舉食害茄子及馬鈴薯等茄科植物的葉及根。

甘藍夜蛾

會食害許多蔬菜葉片及花朵等處的夜蛾幼蟲。

金龜子

幼蟲會食害花生、地瓜、十字花科的根部。

方便使用的病蟲害防治資材

對付菜蟲等食害性害蟲

AZ グリーン（AZ GREEN）的用法

十字花科蔬菜 2 週噴 1 次，茄科蔬菜 1 週噴 1 次。

由印楝籽油萃取而成，具高純度成分，須以水稀釋成 500 倍後噴灑。

白粉病等疾病的解決對策

醋加燒酎的作法及用法

十字花科蔬菜 2 週噴 1 次，茄科及葫蘆科蔬菜 1 週噴 1 次。

醋

燒酎（酒精濃度 35 度）

3cc 的醋與 3cc 的燒酎混合，再搭配 1 公升的水加以稀釋後噴灑。

蚜蟲等吸汁性害蟲的解決對策

陸の恵み（RIKUNOMEGUMI）的用法

混於土壤中就能對害蟲發揮忌避效果。

利用內含大量印楝籽成分的苦楝粕作為肥料使用。

粘着くん（NENCHAKUKUN）的用法

依規定量加以稀釋，且噴灑時須使害蟲能全面沾染到藥劑。

有農藥登記，但是屬於安全的化學農藥之一。

減少葉蟎、蚜蟲

ピカコー（PIKAKO）的用法

發生初期噴灑在新芽、葉及葉背使其浸濕。

這種海藻萃取液可培育出健壯的作物，堵塞昆蟲的氣門。須以水稀釋 25 倍後再行噴灑。

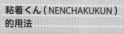

Q 有沒有冬天才會出現的害蟲？

A 低溫也須留意食欲旺盛的蔬菜象鼻蟲。（編註：台灣無此害蟲）

冬天許多害蟲會結蛹或產卵過冬，因此害蟲現象會減少，不過**蔬菜象鼻蟲的幼蟲在低溫下也能生存並攝食。**

蔬菜象鼻蟲屬於不會飛的甲蟲，會在泥土或蔬菜上慢慢步行，秋天鑽到泥土中或蔬菜心葉等處產卵。會寄生的蔬菜除了繖形科的紅蘿蔔、菊科的茼蒿、藜科的菠菜之外，還包含多數的十字花科等，遍及多種蔬菜。此外蔬菜象鼻蟲單靠雌蟲也能單性生殖，且產卵數眾多，算是非常難對付的害蟲。幼蟲會在10月左右開始作亂，並持續到隔年5月左右為止。蔬菜象鼻蟲會在茂盛莖葉的中心部位，以及接觸地面的葉片上，啃咬出1～2公分的圓形孔洞造成破壞。一隻蟲食欲旺盛到足以吃光一整株蔬菜的新葉，且一旦鑽入葉中肋或莖內，就會一直啃食直到成蟲為止，所以恐會造成無法收成。成蟲屬夜行性，不容易被發覺，幼蟲呈蛆狀，體長僅數公釐至十幾公釐，因此捕殺時只能靠鑷子去除，除此之外別無他法。

初秋時在菜圃周圍掘溝，或是設置防蟲網等，都能有效防治。

蔬菜象鼻蟲

Q 收成後剩下的莖、葉等應如何處理？

A 最好用來當作堆肥原料。

收成後的殘體（＝剩餘不要的植物體）用來當作堆肥，這是最適合有機物有效運用的處理方式。但是找不到地方處理堆肥，或是因為臭味等問題，而無法將殘體轉作堆肥原料的話，還可以在菜圃裡挖溝或挖洞掩埋起來，加以利用這些有機資源。此時請將枯萎的殘體倒入深15公分、每邊長50公分以上的洞裡，堆高至10公分左右，再用落葉掩蓋起來。此時如能混入米糠或發酵有機肥料，還可加速分解。掩埋場所須有計畫性地，每年依序更換地方。

另外，因傳染性疾病而枯萎的莖葉也能作為堆肥原料，但是嚴禁埋入菜圃中。

殘體的處理方式

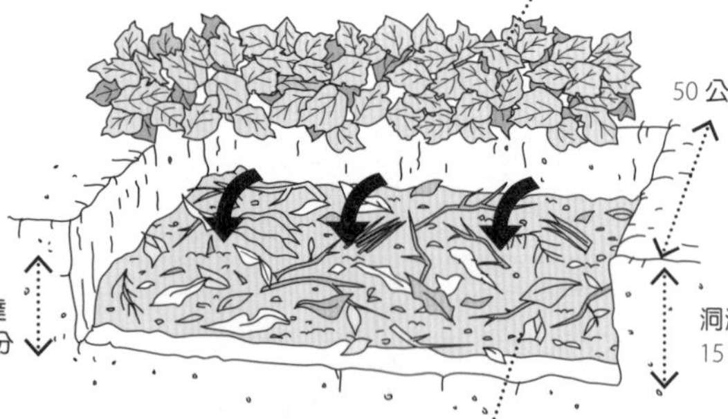

收成後，在10～11月於菜圃挖洞，再將殘體、雜草等，加上米糠或發酵有機肥料倒入洞中，上頭再蓋上落葉，並稍微覆蓋泥土掩埋回土中，以免上頭的落葉飛散。2～3月作畦時再回復原狀。使用米糠時，須覆蓋至殘渣表面呈現泛白一片（約2公斤）；使用發酵有機肥料時，則需要用到1.5～1.8公斤。

Q 有沒有耐寒又好種的蔬菜？

A 建議種植分蔥（紅蔥頭）、淺蔥、蕪菁、櫻桃蘿蔔。

分蔥及淺蔥屬於方便使用的辛香料之一，栽種起來也很簡單，且不費工夫。二者皆屬於青蔥的一種，但比青蔥小株且刺激性臭味也較少，屬於用途廣泛的蔬菜。只要在9月時種下種球，接著在嚴寒期間地面上方部位雖會暫時枯萎，不過早春時又會再度發芽，但在寒冷地區則適合種植耐寒的淺蔥。分蔥可以割下來採收2～3次，淺蔥需要整株拔起來收成。

以種球種植的大蒜也能在寒冷時期栽種。待隔年春天發芽後，雖然須將長出來的花苞摘除，不過也算是不花時間就能種植成功的蔬菜之一。

蕪菁、櫻桃蘿蔔也屬於不費工夫的蔬菜。尤其是蕪菁，栽培期間短且容易照顧。播種時盡量在10月左右進行，只要控制肥料用量，幾乎不會出現病蟲害。條播後須一邊疏苗一邊培育，疏下來的植株吃起來也很美味。

茼蒿可整株收成，也能將新長側芽部分的莖葉依序摘下來收成，不過秋天播種栽培時，以採摘的栽培方式最為適當。由於能少量收成，因此可說是最適合家庭菜園的蔬菜。雖然茼蒿算是餐桌上的配菜，但是涼拌料理、天婦羅料理、火鍋、壽喜燒都不能少了它的存在。而且茼蒿在小面積也能栽種，算是十分方便的蔬菜之一。

小松菜每次種植都需要播種，不過幾乎一整年都能栽種。秋天只要在11月之前依序播種的話，即可收成好幾次。

Q 如何因應結霜下雪的問題？

A 可用不織布覆蓋田畦。

豌豆及蠶豆等會過冬的蔬菜，為了解決防寒問題，過去會在田畦北側或西側，斜斜地立起細竹來除霜，但是**現在很難找到充足的細竹，因此一般多會使用不織布**。

小松菜及茼蒿屬於耐寒性的蔬菜，因此單靠不織布覆蓋田畦後，在露地也能長得很好。這種方法稱作「敷蓋」，但是如能改成「隧道式敷蓋」，更能提升保溫效果。此外用於被覆的資材如能改用保溫效果佳的塑膠布，對於在嚴寒時期栽種小蕪菁及紅蘿蔔也很有助益，但是隧道式塑膠棚在白天溫度上升時會變得更熱，因此須留意溫度太高的問題。

洋蔥在過冬時植株一旦長得過大，就會受到寒害，也會在早春時期發生抽苔現象，因此一般並不會以隧道式塑膠棚等方式保溫。發生霜柱時，有時洋蔥根部會冒出地面而枯萎，因此須用腳將植株基部用力踩實，以解決根部冒出地面的問題。另外，在株間撒上碳化稻殼也能幫助洋蔥過冬，碳化稻殼的黑色能吸收太陽熱能，使地溫上升，因此能迅速融化霜柱。

盆器除霜的方法

1 幫盆器立框架。

2 整個盆器用不織布等覆蓋。

3 用洗衣夾固定不織布的邊邊。

Chapter 3

各種蔬菜的培育重點

每種蔬菜的種法不同。
理解各種蔬菜的特性之後，
才能掌握絕竅，減少失敗，
找出成功的捷徑。

Q 四季豆為什麼要在長出本葉後疏苗？

A 因為會有鳥害的疑慮。

四季豆播種時會在1個洞內各撒入3顆種子，待本葉長出2～3片後再疏苗成2株。類似這種集體播種方式，能藉由「彼此競爭」的效果使種子一同發芽，讓後續生育情形變得更好。豆類一般都會集體播種，不過其他類似蘿蔔、紅蘿蔔、秋葵等豆莢中會內含數顆種子進行繁殖的蔬菜，也適合集體播種。通常會等到新芽長大至一定程度後，再進行疏苗，但是四季豆不會只留1株，而會2株一起栽種。

再者，**豆類的幼苗容易遭受鳥類襲擊，差不多長出本葉時，就會被鳥吃掉。因此在這之前須披覆上不織布，留意鳥害問題，等到無需擔心鳥害後再進行疏苗，藉此避免欠株的情形。**

四季豆的疏苗方法

1

待本葉長出後，須把握時機，將纖細的幼苗與徒長的幼苗從植株基部用剪刀剪掉，進行疏苗作業。等到本葉長出2～3片時，保留2株植株即可。

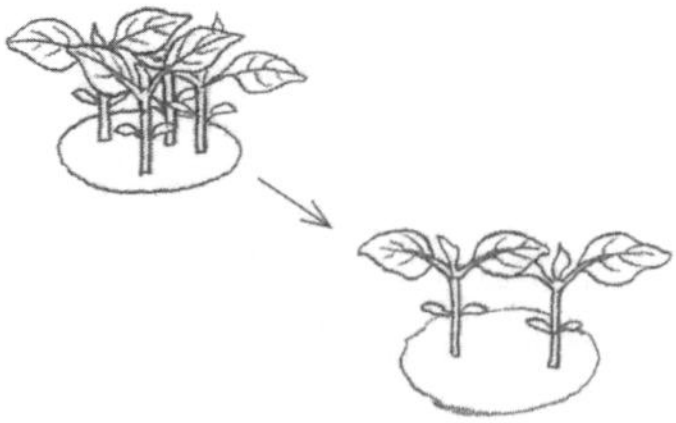

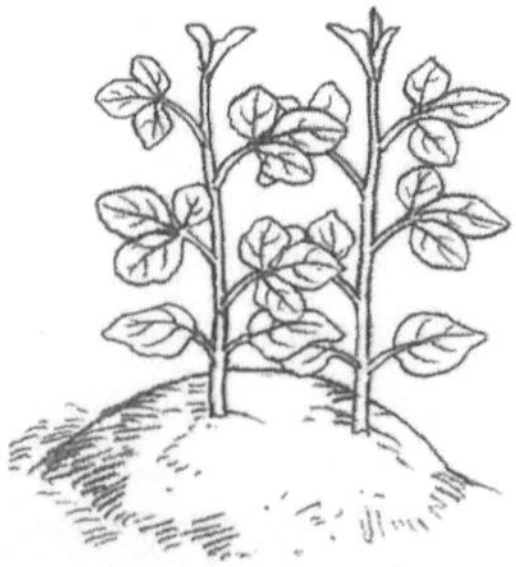

2

培育2株植株，再加以培土。

Q 毛豆的基肥為什麼少量即可？

A 為使根部感染的根瘤菌順利著生。

毛豆等豆科植物的根部，在感染根瘤菌後會形成直徑數公釐的根瘤，屬於細菌之一的根瘤菌會生存在這些根瘤當中，一邊從毛豆汲取養分，同時將大氣中的氮還原成氨，供給毛豆使用。

植物無法直接利用大氣中的氮氣，但在根瘤菌附著前需要來自土壤中的氮，**也必須製造出培養根瘤菌所需的養分，因此在完全不含肥料成分的土壤中，將無法生長。反過來說，當植物生長在肥料成分多的土壤中，便不需要由根瘤菌供給氮，因此根瘤菌也不容易附著。**根瘤菌會視植物的狀況附著在植物上，為促進根瘤菌的著生，應以少量肥料為宜。

毛豆上的根瘤菌

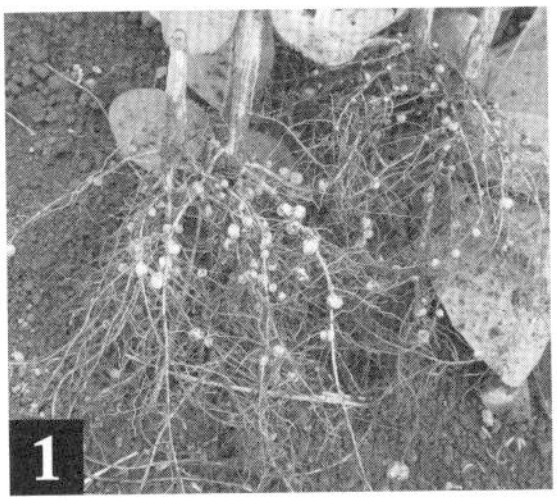

1 豆科植物可以留住大氣中的氮，再儲存於根部。

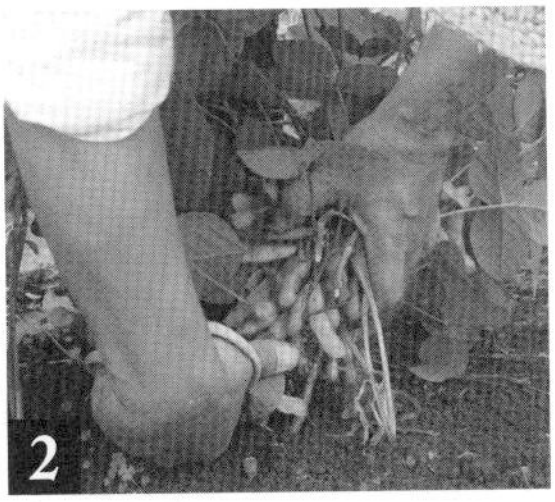

2 想要善用根瘤菌培土的話，收成時不能將毛豆整株拔除，應切斷植株根部，再直接將根部翻　入土即可。

Q 為什麼毛豆種子壓進土裡難以分辨了，仍會被小鳥吃掉？

A 播種當下被小鳥看見的話，一切就完了。

諸如烏鴉或鴿子等在人類生活圈活動的鳥類，從遠處就能清楚看見人們在農田裡工作。播種當下被瞧見的話，等到人一離開，牠們就會馬上來找種子，因此即便牠們看不見也能吃掉種子。鴿子會襲擊毛豆，但是一般在考量發芽以及日後生育的問題後，往往會播種在1.5公分左右的地底下，雖然播種後壓實表土再以枯草覆蓋之後，可加以防範鳥害達到某種程度的效果，但是並非全無後顧之憂。還有豆類的子葉也會遭受鳥害，因為毛豆的子葉會冒出地表，因此幾乎都在發芽後就會直接被鳥類吃掉。**想要確實防範鳥害，應在播種後披覆上不織布或防寒紗，也能從軟盆育苗移植。**

毛豆的播種方式

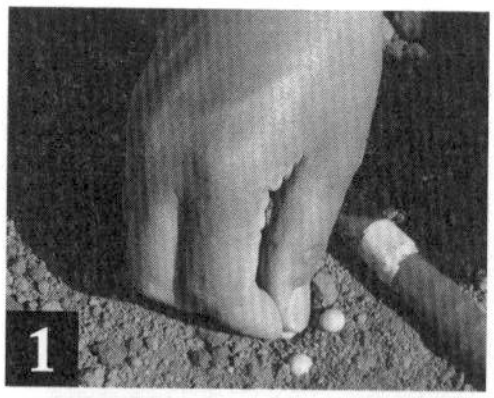

在株間15公分、畦寬40公分的地方，1處撒下3顆種子。

將種子壓入土中約1公分再覆土，並用手輕輕壓實。

發芽前都要避免乾燥。

蓋網保護以免被鳥類吃掉。

Q 毛豆為什麼要2株種一起？

A 2株種在一起才能照到充足光線也不易倒伏。

毛豆種子在1個洞裡須撒入3顆，等本葉長出2～3片後再疏苗成2株。

毛豆的直根會長得很深，但是多數的根會分布在地表附近，屬於淺根作物，因此容易倒伏，而且根群較淺，所以還得留意乾燥的問題。在這種情形下，會藉由2株植株「彼此競爭」的方式來種植，如此一來，根部才會較單獨栽種1株時更為穩固。

但是超過3株的話會過於密集，導致光線照不到下葉，使生育情形變差。毛豆偏好陽光與水分，因此1處種2株時，植株與植株之間須維持寬敞間隔才能健康生育。

毛豆的疏苗方式

1 播種時1個洞撒入3顆種子，使其彼此競爭。

2 待本葉長出後，將纖細的幼苗、徒長的幼苗疏掉，1處栽種2株即可。

留意缺水問題

開始開花並結成小果實後，須留意缺水的問題。

Q 毛豆要整株採收時，如何判斷採收時機？

A 隔著豆莢按壓毛豆，當毛豆會蹦出時就能開始收成了。

毛豆是趁著能成為穀物的大豆尚未成熟，還柔軟時整株採收下來，因此收成時間點很難判斷。

一般栽培的話，收成時間以播種後75～90天、開花後30～40天為準。同一天播種的毛豆，最好在1週內結束採收作業。

毛豆會筆直長高至50～100公分左右，主莖會發出10～12片左右的葉片，並從葉片基部（葉腋）開始長出分枝，花房會長在主枝以及分枝葉腋上，由下而上依序開花。採收時**須將重點放在植株中央部位的豆莢，從膨起的豆莢上方拿起來，按壓檢查豆子，當豆子會蹦出來時，即為收穫適期，**此時請從植株基部用剪刀剪下來收成，一旦過了收穫適期，豆子就會變硬，風味也會變差。

毛豆的收成方式

按壓植株中央部位的豆莢，當豆子會蹦出來時，即為收穫適期。

Q 為什麼豌豆的播種時機非常重要？

A 因為大小適中的幼苗才能耐寒過冬。

豌豆包含豆莢平坦的荷蘭豆、只食用豆仁部分的豌豆仁、果實會變大可連同豆莢食用的甜豆等等。由於豌豆偏好冷涼氣候，因此應避免在夏天栽培，通常會在11月上旬播種，在幼苗出2～3片本葉的狀態下過冬。在冬季低溫下能長出健康花芽，但是**假使在10月播種的話，在12月之前會長得過大，在寒害影響下將使枯莖變多，進而影響收成量；反觀如果播種時間太遲的話，幼苗太小會不耐寒，因此會遭受寒害，使得早春的成長情形變差，導致收成量變少**，所以切記要視栽培地及品種，在適當時間播種。另外豌豆也能在春天播種，但是因為無法完全歷經冬天的低溫，因此花芽會長得不好。

種蔬菜切記要在適當時間進行正確的作業。

Q 不想讓白花菜的花蕾曬傷該怎麼做才好？

A 趁花蕾還小時從上方覆蓋，並盡快收成。

白花菜的花蕾長到大約12～15公分後，就要進行採收，一旦動作太慢將會變黃，有損品質。雖然花蕾呈橘色或紫色的白花菜也屬良品，不過當白花菜的花蕾長到7～8公分左右之後，還是會建議將周圍的葉片折起來蓋住中心部位，或是將外葉切掉覆蓋上去，以避免陽光照射。

想在晚秋播種冬天收成的人，覆蓋花蕾還能保護白花菜避免寒害，因此可將外葉束起來將花蕾包住，上方再以繩子綁好。另外太晚收成除了會著色之外，花蕾部分也會鬆開而有損品質，因此須趁花蕾整體仍緊實的狀態下收成。早一點收成並不會影響美味度，因此應提早收成而不要拖得太久。

白花菜花蕾的保護方式

花蕾開始長出後，經過2～3週時間就得留意變色的問題。

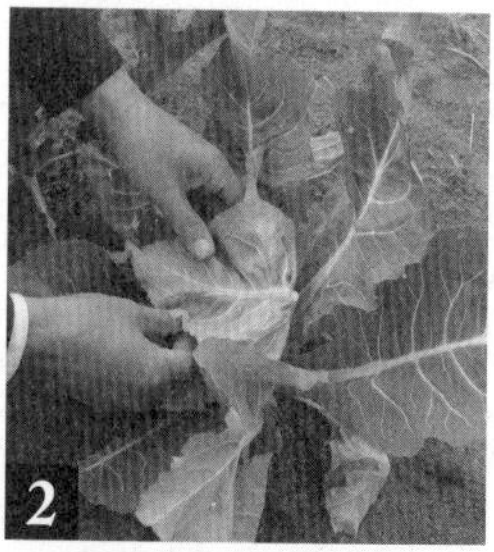

抓住幾片葉片再用繩子綁起來。

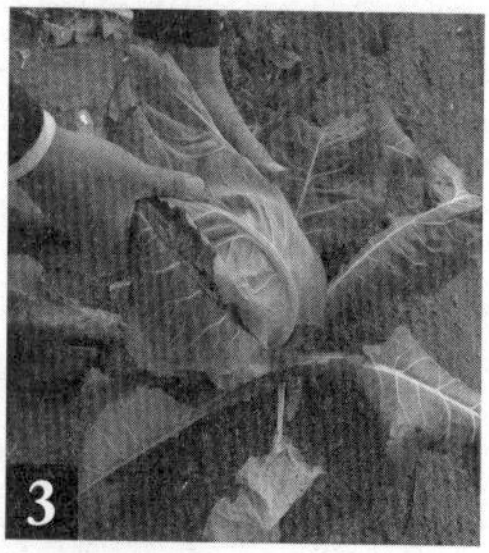

將周圍葉片折起來蓋住花蕾。

Q 高麗菜為什麼要培土好幾次？

A 保護大面積遍布的淺根，以培育出大片又強健的外葉。

高麗菜會將外葉（張開狀態下位於外側的葉片）行光合作用後形成的養分，以及蓄積在外葉的養分，提供給內側結球部分生長變圓。外葉在結球前會展開18～20片葉片，想要種出好吃的高麗菜，祕訣就是使外葉長得又大又強健。

想讓高麗菜在定植後迅速存活並順利長出外葉，須移植尚未老化的幼苗，並留意乾燥問題，這樣根部才能順利擴張。高麗菜的根部大多分布於土壤表層附近，且會大範圍生出密密麻麻的根群，因此必須覆土保護這些根部。定植後在第2週左右須進行第一次覆土，同時還要追肥，之後每2週再覆土一次，且覆土的工作須持續到外葉能夠蓋住通路為止。

高麗菜的培土方式

祕訣！

使外葉變大變健壯。

狹窄處可用移植鏝中耕，於植株根基培土。且須2週培土1次。

Q 有什麼方法可以防治高麗菜的菜蟲？

A 利用披覆蓋方式阻止昆蟲飛來，並趁幼蟲小隻時驅除。

菜蟲是白粉蝶的幼蟲，會啃食十字花科蔬菜的葉片。成蟲通常會在定植後飛來產卵。幼齡幼蟲主要會從葉背食害造成小洞，三齡之後的幼蟲會從葉面、葉背兩側大舉食害。**若在菜圃裡看見眾多成蟲時，接下來的1週時間須仔細觀察葉背，以便早期發現紡錘形蟲卵或幼齡幼蟲加以去除。此外在定植後1個月左右，利用不織布等資材設置隧道棚，即可抑制昆蟲飛來。**另外只要減少農藥噴灑，捕食幼蟲的長腳蜂，以及寄生在幼蟲身上的絨繭蜂等天敵就會增加，降低白粉蝶的棲息密度。白粉蝶似乎不喜歡萵苣，因此可在高麗菜旁邊種植萵苣，發揮忌避效果。

高麗菜的害蟲防治

在植株基部撒上「苦楝粕」等忌避劑。

Q 小黃瓜為什麼必須摘心與摘葉？

A 為維持莖葉生長趨勢，以便長時間收成美味果實。

小黃瓜會同時進行「莖葉長成的營養生長」，與「開花結果的生殖生長」。想要收成更多美味的果實，須在生育初期延遲開花結果的時間，培育出枝葉健壯充滿活力的植株。為使根部紮實生長擴張，應將由下往上數5～6節的側芽與花芽摘除，以減輕地上莖葉的負荷。繼續生育後，為使植株基部與新葉能獲得充分日照，還是需要適度摘葉，以去除老葉的病蟲害，還能改善通風，所以也有助於防治害蟲。等到後續長出來的側芽（子蔓）也長出1～2個雌花之後，再保留前端的1片葉子後摘心。從子蔓長出來的孫蔓也是比照辦理。採果後的藤蔓，周圍如果太過雜亂時，可從基部摘除，防止莖葉過於茂盛。切記一邊觀察莖葉生長趨勢，一邊維持營養生長與生殖生長的平衡。

小黃瓜下葉的處理

受損的葉片以及老化的葉片會導致病蟲害，因此須予以去除。將剪下來的葉片放進塑膠袋中，然後再帶出菜園處理掉。

側芽的摘心方式

等到側芽（子蔓）長出雌花後，保留前端的1片葉子後摘心。就算沒有長出雌花，也要保留2片葉子，再將前端的嫩芽摘除（摘心）。且每次側芽長出時，都要摘心。

Q 小黃瓜為什麼須勤於誘引？

A 小黃瓜受風吹動後容易受損，因此須確實誘引。

小黃瓜的葉片很大，受風吹動後容易損傷，再加上**擴張出來的淺根偏好氧氣，一旦植株因風搖晃受損，生長趨勢便會走衰，總而言之，每當小黃瓜受到風吹晃動，生育情形就會變差。因此在立體栽培時，須勤於將藤蔓誘引至牢固的支架上。**

立體栽培需花時間進行誘引，但是優點包含不佔空間，且果實不會碰觸到地面，得以保持乾淨。一般在誘引時都會使用到支架，不過利用小黃瓜專用爬藤網，其實更方便誘引，小黃瓜也會自己將捲鬚捲在爬藤網上攀爬上去。話說放任小黃瓜匍伏長出藤蔓，等到小黃瓜碰到高度較高的物體，馬上就會順勢攀捲上去，長出藤蔓來。事實上從前就是讓小黃瓜在地面爬，以匍地栽培為主流。

小黃瓜的誘引方式

將支架確實立好。

以 15 公分左右的間隔，橫向拉上麻繩。

長出藤蔓後，每次都要加以誘引。

待藤蔓長到支架頂端後，再進行摘心。

Q 小蕪菁為什麼會開始空洞化？

A 空洞化是因為太晚收成，小蕪菁已經老化了。

小蕪菁的收穫適期，是當小蕪菁長到直徑5公分粗的時候。太晚收成的話，有時候一部分的根部會變成白色的海綿狀，這就叫作「空洞化」，因為細胞有部分枯死了，才會造成這種現象。枯死的細胞怎麼煮也不會變軟，醃成醬菜時鹽分也跑不進去，因此品質會變差。

空洞化容易出現在根部成長與葉片成長失衡的生育後半階段，會引發根部肥大旺盛，但是葉片卻生育衰弱的情形，因此應趁葉片強健時進行採收。提早收成也不會影響風味，所以請記得盡早採收。另外還有一種品種可以同時種出小蕪菁、中蕪菁、大蕪菁，所以在採收小蕪菁時可以隨意保留植株，培育至中蕪菁或大蕪菁後再來收成。

小蕪菁的收成方式

秋天栽種時，在播種後40～50天即可收成。

握住植株基部，再輕輕地拉出來。太晚採收會形成空洞化。

Q 有什麼訣竅可以成功種出小蕪菁嗎？

A 種植小蕪菁須仔細疏苗，並維持適當株間。

小蕪菁的生育期間短，很容易種成功，且小蕪菁屬於直根作物，因此直接播種於菜圃之後，便可以一邊疏苗一邊培育長大。條播比較方便疏苗，也適合後續的管理作業，建議以20公分的條距種植，否則過於密植將影響生育情形，種不出理想的蕪菁。

可利用角材等工具，在菜圃裡用力壓出深1公分的播種土溝，接著盡量以1～2公分的間隔等距離播種，這樣一來，可方便後續的疏苗作業，也能提升精準度。覆土時蓋上5～10公分左右的薄土即可，再將表面輕輕拍平。

疏苗應等本葉長出來後再開始進行，將葉片重疊的地方疏掉，使葉片與葉片能稍微碰觸到即可。日後再視成長狀況，將過於擁擠的地方疏密使其平均，同時逐步將株間拉開，可疏密3～4次，最後形成5～10公分的株間即可。

疏苗時間點可視幼苗的成長情形作決定，大致上在本葉長出1、3、5的奇數葉片時疏苗即可，然後在本葉長出5、6片時，進行最後一次疏苗。

須留意不能使剩下的植株受損，**同時在疏密後務必進行中耕及培土的作業。培土作業做得愈仔細，愈能種出表面平滑的蕪菁。**

小蕪菁疏下來幼苗也很美味，大家不妨品嚐看看。

小蕪菁的播種方式

挖出深 1 公分左右的淺溝，再將種子進行條播。

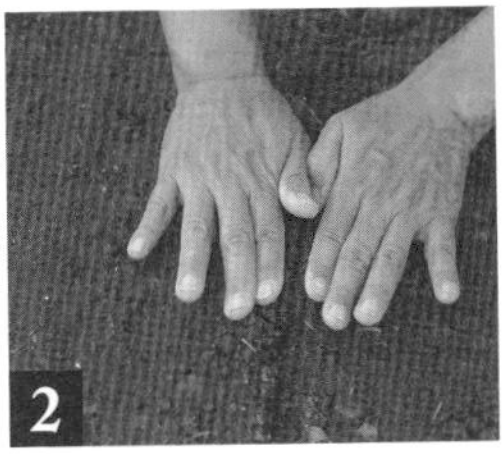

由兩側覆土，厚約 5 公釐即可。

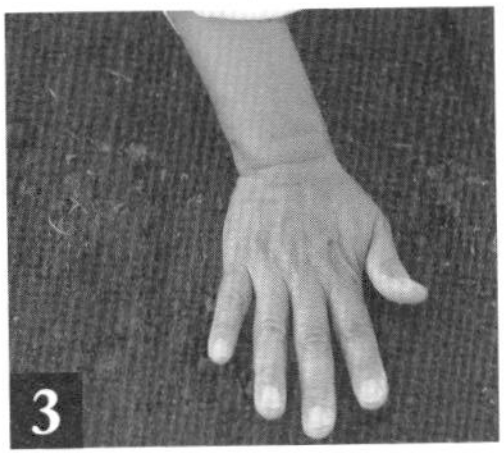

輕輕壓實，使種子埋入泥土中。

澆足夠的水，然後在發芽前都要維持濕潤狀態。

小蕪菁的疏苗方式

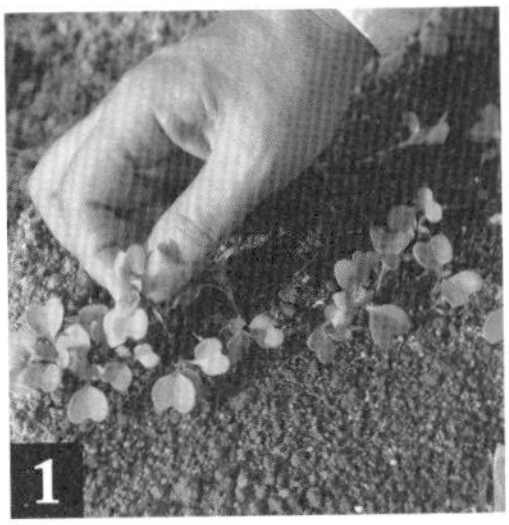

經過 5 ～ 7 天左右之後，會全部發芽。接著在長出 1 片本葉時進行疏密，使葉片不會彼此觸碰在一起。太細的幼苗或是徒長的幼苗也要輕輕地拔掉。

疏苗後由兩側培土，使根部穩定生長。

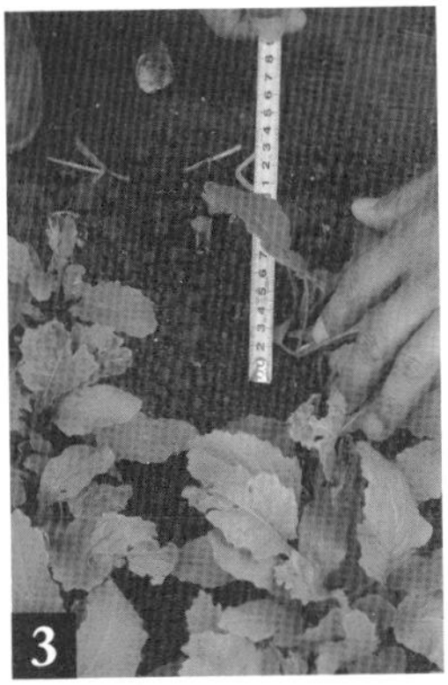

本葉長出 3 ～ 4 片時進行疏苗作業，使株間維持在 2 ～ 3 公分。可用剪刀剪掉即可。

用手拔除的時候，須小心進行，以免其他幼苗根部被拉出來了。

疏苗後務必培土，使根部穩定生長。

Q 種小松菜時，在疏苗方面有什麼訣竅嗎？

A 發芽後馬上進行第一次疏苗，將株距拉大到1～2公分。

小松菜的幼苗假使種得很擁擠，莖會長得又細又長，子葉與下葉會和鄰近葉片交纏在一起，疏苗時會損傷留下的植株。總而言之，切記要早一點疏苗，第一次疏苗應在全部種子發芽後馬上進行，使株距能維持1～2公分的距離。接下來，當本葉長出1～2片後，必須再次疏苗拉開間隔，以免葉片與葉片彼此觸碰。待幼苗長到7～8公分高，本葉長出5～6片後，再將株間拉開到5～10公分。

最後一次疏苗時，疏下來的幼苗也很好吃，所以可以順便收成。還有在播種時，如果是在10公分長的土溝中只播入大約5～6顆種子的話，或許就能省略第一次疏苗，可以節省很多工夫。

小松菜的疏苗方式

本葉長出1片時進行疏苗，使葉片不會彼此碰觸即可。

疏苗後從兩側培土，使根部穩定生長。

本葉長出5～6片時進行疏苗，在最後讓株間拉開成5～10公分。

用剪刀剪可減少影響其他植株根部的機會。

Q 小松菜在排水不良的地方也能種成功嗎？

A 加入大量堆肥，將田畦築高一點，並且記得中耕。

排水不良的地方須事先仔細翻土，再於每1平方公尺的菜圃中，將3公斤左右完熟的落葉堆肥等翻耕入土，使田畦隆起15公分左右。如為縱向的播種溝，最好在兩端挖出排水用的溝道；橫向的播種溝，則應在通路挖出排水用的溝道。用手播種時，假使為60公分寬的田畦，可利用橫向排列的方式（橫向的播種溝），挖出溝距20公分的播種溝。

以手推式播種機播種時，應在縱長型的田畦以1公尺的畦寬播種3～4條，溝距維持在20公分。待幼苗長高至5公分左右之後，再使用除草鋤等工具，輕輕地在溝間翻土，使空氣能進入植株根部。

田畦排水改善方式

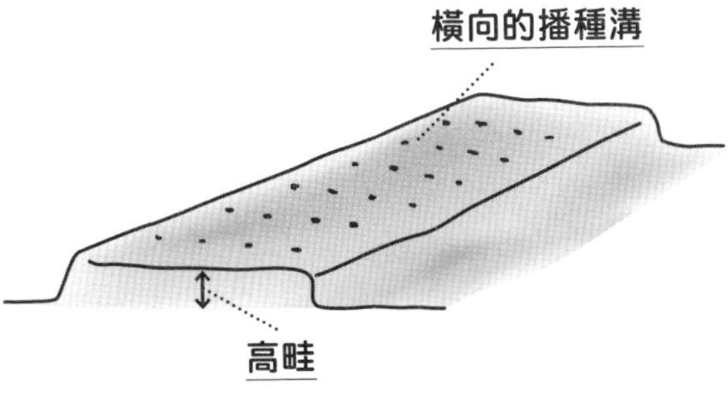

Q 為什麼種地瓜前要在土裡混入稻草？

A 為了防止「藤蔓徒長」，地瓜卻長不大的情形。

地瓜這種作物可以種在任何一種土質當中，但是氮肥過多的菜圃會造成藤蔓徒長，除了地瓜長不大之外，還會導致纖維太粗，品質不佳。為了預防這些情形，通常會在基肥時減少氮肥的使用，否則蔬菜收成後，殘存在菜圃裡的氮肥將無法去除。

因此**在種植的前一刻，會在菜圃裡撒碎稻草及稻殼，混入土壤當中。稻草及稻殼能夠吸收氮肥，因此可將土壤中的氮肥去除，讓地瓜容易長出來。**而且稻草會在土壤中慢慢分解變成肥料成分，又不會在不希望肥料生效的生育前半階段發揮作用，等到生育後半階段地瓜長大時，才會釋放出肥料成分，因此這個方法能在時間上配合得剛剛好。

地瓜種植的準備工作

肥料成分太多會長不出好吃的地瓜，因此須將碎稻草混入土壤中，讓稻草去吸收多餘的營養成分。

Q 地瓜幼苗什麼時候買得到？

A 園藝店在5月上旬至6月上旬就會擺出來販售。

地瓜幼苗會在地瓜塊根種下後，發出匍匐的芽，當長出長30公分、8～9節以上時進行採苗；以粗壯且內含許多養分的幼苗為宜，且採苗也有適當的時期。如果在苗床放置過久，幼苗會開始供給養分給主莖，進而長得過於茂盛，造成下葉枯死等情形，使得幼苗養分變少。一般來說，以種薯生長後50～60天左右，最適合採苗，因此採苗適期並不會很長。適合栽培地瓜的地方，須為日照佳且通風良好的乾燥土壤，而且最好為貧瘠的土地而不要太肥沃。另外安納薯較其他薯類內含更多蔗糖，較受一般人歡迎，但是須具備氣候及土壤等環境條件，收成後也得追熟，否則在家庭菜園很難種出像市售商品這麼甜的安納薯。

地瓜的移植方式

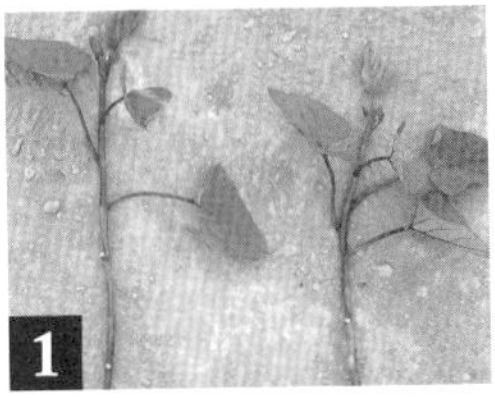

1 準備扦插苗，以葉片達5～6片，莖部粗壯且節間短的扦插苗為宜。

2 待天氣變暖後，使土壤完全變乾，再斜斜地插入3節。

3 大量澆水，且移植後的幾天都要澆水。

4 移植後沒多久會枯萎，但是5～7天後就會回復元氣。

Q 種植地瓜有何訣竅？

A 配合苗大小種植才能提高存活率。

地瓜苗沒有根，因此種植祕訣就是抓緊快要下雨的前幾天種植，但是實在沒機會下雨的話，請在種植後幾天內，皆須澆水以免苗枯萎。薯類從長葉的莖節上所長出來的不定根較為粗壯，但是溫度太低時不定根會長不出來，因此須等最低氣溫到達12℃之後再行移植。

此時通常會深植，將多數莖節埋入土中避免幼苗枯萎，但是愈深的地方溫度愈低，地瓜也會生長得不好；淺栽時溫度條件雖然較為理想，但是能埋入土裡的節數較少，又會導致容易枯萎的問題。因此為確保節數及溫度，須讓苗平躺在深5公分的土裡，採水平種植，假使幼苗較短的話，則可直立種植在深5公分左右的土裡，另外還有一種折衷的方式，可用45度斜角，以「斜插種植」的方式種在深6～7公分的土裡。不過直立種植存活率較佳，初期生育情形較為良好，地瓜會在地際處1～2節的地方長出來，雖然數量較少，但會長出相同大小的大顆果實；使幼苗橫躺種在菜圃裡的話，地瓜長得較小，但是數量較多。想在菜園種地瓜的人，建議採用二者折衷的斜插種植。

種植地瓜的注意事項

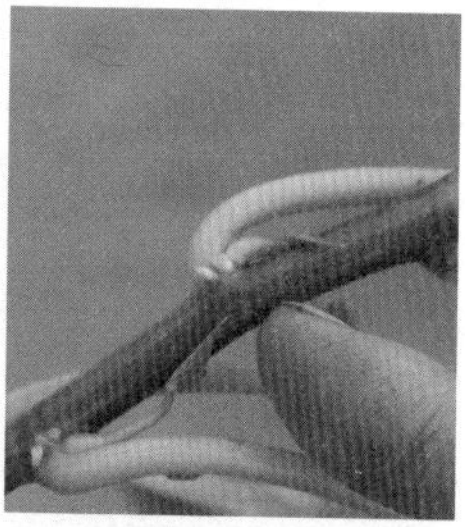

地瓜會因為幼苗插進土裡的角度，以及埋入土中的深度，導致地瓜數量及大小有異。將3節埋入土中的話，可在小面積收成大顆地瓜；埋入4節以上的話，可收成大量地瓜但體積較小。

Q 馬鈴薯為什麼不可以和茄科植物一起種？

A 馬鈴薯與茄科植物擁有共同害蟲，害蟲會從宿主馬鈴薯身上大量移動至其他植物。

馬鈴薯與番茄等蔬菜皆屬茄科植物，擁有許多共同的病蟲害。馬鈴薯不耐高溫，一過了高溫及多濕的6月半之後，便容易生病而開始枯萎。**這時候如果馬鈴薯靠近番茄等茄科蔬菜，其他蔬菜便容易感染到馬鈴薯的疾病，害蟲也會移動至其他蔬菜上，對其他茄科蔬菜造成影響，因此馬鈴薯最好在6月初收成。**

馬鈴薯收成後或枯萎後，害蟲茄二十八星瓢蟲將大舉移動至其他茄科蔬菜上，不得已得在附近栽培時，應在馬鈴薯與茄科蔬菜之間種植高粱等高度較高的綠肥作物，以防止害蟲移動。

種植馬鈴薯的注意事項

馬鈴薯屬於茄科，花朵與茄子的花相似。茄科蔬菜通常不會連作，馬鈴薯也不能連作（間隔2～3年）。

Q 在店裡買到的馬鈴薯能直接拿來種嗎？

A 不行。種薯以收成後2～3個月的馬鈴薯最為理想。

馬鈴薯食用部分為地下莖肥大成塊的部分，稱作「塊莖」，栽培時會將這個塊莖用來當作種薯。當地下莖的前端開始變成塊莖之後，前端的芽就會進入休眠。塊莖在這種狀態下會肥大，但是芽在收成後還是會休眠一段時間，呈現不容易發芽的狀態。像這種正植休眠期的馬鈴薯，並無法用來當作種薯。另外收成後超過6～7個月的馬鈴薯，芽會長得過長，也不適合拿來當作種薯。

春天種植的種薯，以前年10月左右收成的馬鈴薯最為理想，移植時期就會出現在市面上。**如果使用食用的馬鈴薯來種，有時會發生病毒或細菌所引起的疾病，因此種薯只能使用經國家疫病蟲害驗證合格的馬鈴薯。**

馬鈴薯的種植方式

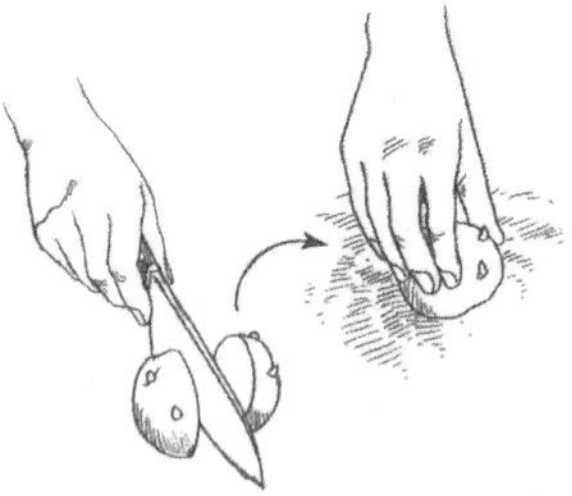

芽多的地方朝上，再縱向切開。接著陰乾2～3天，使剖面乾燥。

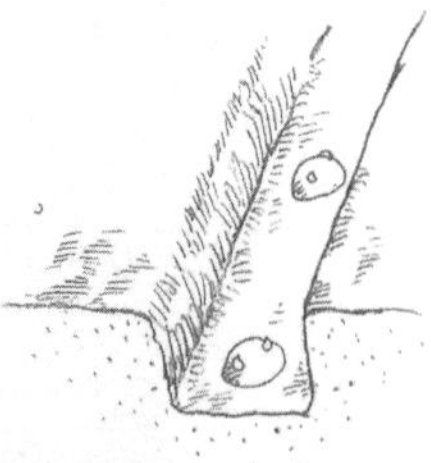

種植時剖面朝下。

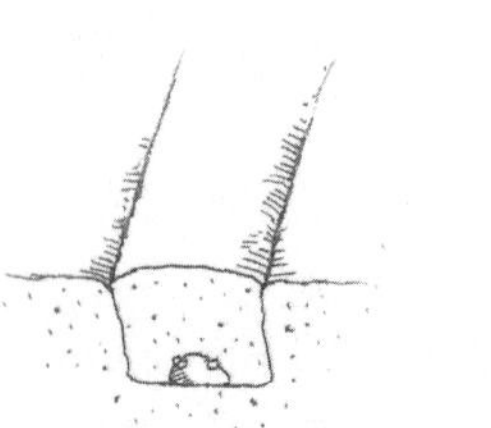

覆土約5公分左右。

Q 想要長時間收成茼蒿的話該怎麼做？

A 挑選專用品種，以採摘的方式收成。

茼蒿的收成方式共有「一次收成一整株」，與「收成時依序採摘新生側芽莖葉」這二種。**想要長時間收成的話，應在沒有抽苔之虞的秋天播種栽培，並以採摘的方式收成。**晚秋如以隧道棚披覆加以防寒保溫的話，在露地栽培能夠收成2～3個月的時間。

採摘栽培是在主莖長到某種程度後，從植株基部保留4片葉子，再採摘下來（收成），等到剩餘葉片長出側芽至某種程度後，再從根部保留2片葉子，進行收成作業。反覆進行上述步驟，每株茼蒿便能收成好幾次。栽種品種請選擇適合採摘栽培的中葉茼蒿。春天播種栽培時，抽苔時間較快，因此適合在短期間一次收成一整株。

茼蒿的收成方式

秋天播種栽培時，可將新芽採摘下來。先檢查側芽，並保留4片下葉，再將上方部分採收下來。

茼蒿的防寒措施

發芽後需要氣溫超過10度的環境才能生育，因此早春時須蓋上隧道棚，冬天則須以塑膠布隧道棚或不織布加以防寒。

Q 甜玉米授粉有何訣竅？

A 將許多植株集體栽培，盡量種成正方形。

甜玉米的雄花（雄穗）長在莖頂，雌花（雌穗）長在會生出葉子側芽（腋芽）的極短側枝前端，二者生長位置不同。仔細觀察一棵植株，會發現雄花會在雌花準備好授粉之前開花，因此雌花想藉由同株公花授粉的機率極低，需要利用別株雄花的花粉，授粉（異花授粉）機率才能提高，所以為了方便異花授粉，**通常會將10株以上的甜玉米種成2列以上，且盡量使植株配置成正方形。**

植株太少時，最好將開花中的雄穗與雌穗相互接觸使之授粉，或是輕晃植株使花粉飛散。

甜玉米的種植方式

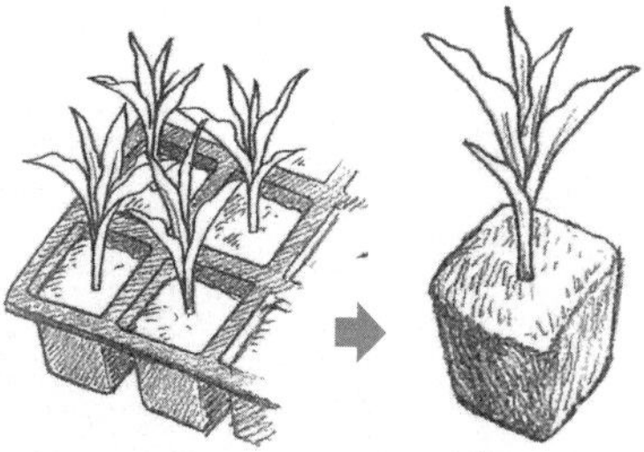

利用穴盤培育幼苗，也能以直播方式種植。

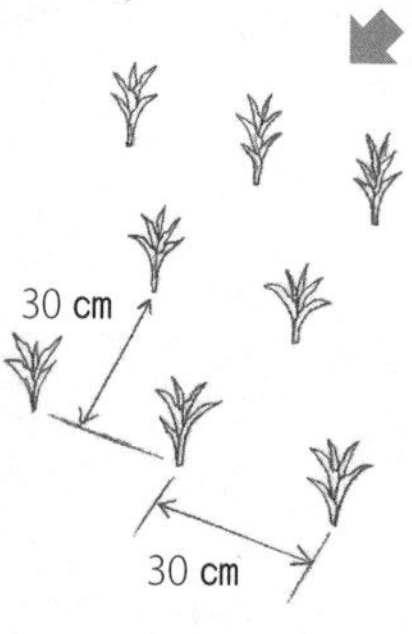

將10株以上的甜玉米排成2列以上，且盡量呈正方形。一定得種植一定數量的植株，否則不容易結果。

Q 如何防治甜玉米的害蟲玉米螟？

A 完成授粉後盡快將沒有花粉的雄穗去除。

甜玉米的花穗中會長蟲，也會出現蟲咬的痕跡，這些全是由玉米螟造成的損害。幼蟲會在6月左右出現，初期會聚集在葉片頂部的筒狀部分，接著逐漸爬入莖中。當在入口處發現糞便，代表蟲已經入侵莖內了，從雄穗長出來的當下，就會看到損害情形，導致雄穗折斷，整個布滿糞便。類似這樣的雄穗應盡早去除，才能減少莖部及雌穗受害。雄穗很重要，能釋放出花粉，不過就算整個菜圃裡2～3成的雄穗全摘除了，也不會對授粉造成影響，因此可**一邊觀察，一邊將受害的雄穗去除。另外開完花之後的雄穗，應無條件予以去除，還有剪下來的雄穗也會長幼蟲**，因此應盡快移出菜圃外好好處理掉。

甜玉米長玉米螟時的處理方式

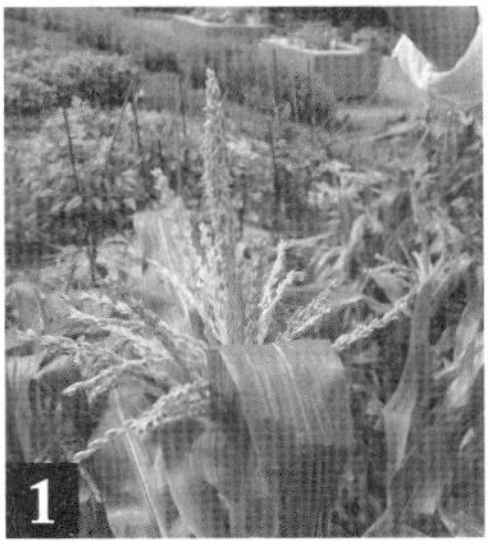

1 看見雄花長出來後，就要將苦楝粕等忌避劑撒在雄穗上。

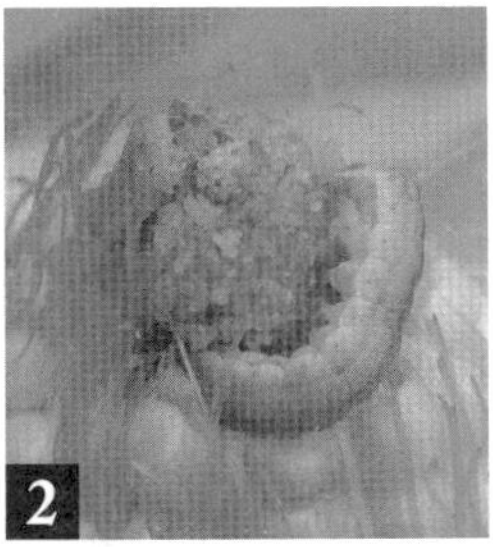

2 玉米的主要害蟲，玉米螟的幼蟲。

3 開完花之後，馬上將雄穗剪掉並好好處理掉。

Q 菾菜在播種時有什麼訣竅嗎？

A 播種前浸泡在水裡，並且空出間隔少量播種。

名叫「菾菜」的這種蔬菜，有著顏色多變引人注目的葉柄，與糖用甜菜及甜菜根同樣屬於藜科。甜菜根主要食用根的部分，而葉片可供食用的甜菜，則為菾菜（加茉菜）。

市面上販售的菾菜（加茉菜）種子，其實是菾菜（加茉菜）的果實，1個塊狀裡頭會內含數顆種子，因此發芽後會從1處長出好幾根芽。大塊種子須間隔1公分左右，在整個菜圃裡少量播種。另外，**由於種子表皮內含水溶性的發芽抑制物質，因此在播種前須泡水2～3小時，以提升發芽率**。但是長時間泡在水裡會導致氧氣不足，影響發芽情形，所以須特別留意。

莙薘菜的播種訣竅

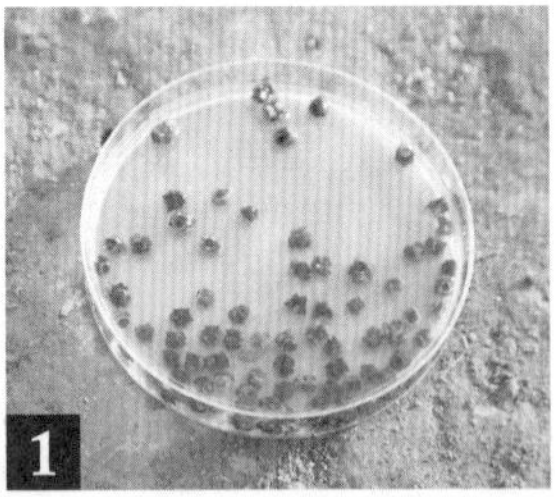

1 將種子泡在水中2～3小時左右。

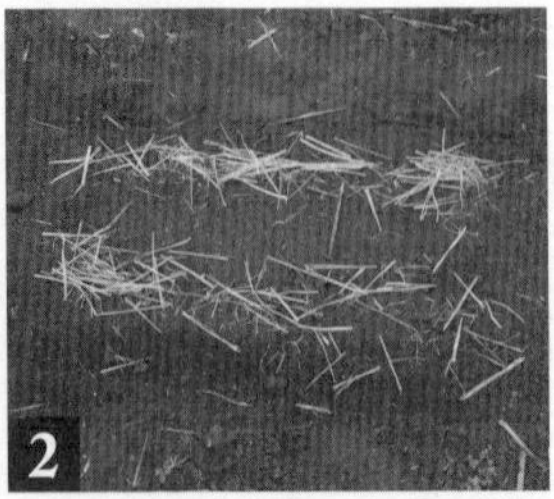

2 播種後將碎稻草鋪在泥土上，可保濕及保溫，才容易發芽。

Q 為什麼蠶豆種在去年同一個地方會長不好？

A 須間隔4～5年，才能在同一個地方種蠶豆。

如果在同一個地方持續種植相同的蔬菜，或是繼續種隸屬同一科的近緣蔬菜，生育情形、收成量、品質都會較去年差，有時還會發生很多的病蟲害，這便叫作「連作障礙」。連作障礙容不容易發生，或是會不會發生，會依蔬菜種類而異。

例如將豆類在同一個菜圃裡連作的話，會年年生育不良，最終甚至會變得幾乎無法生育。**蠶豆屬於特別容易發生嚴重連作障礙的豆類，因此之前種過蠶豆的地方，須間隔4～5年才能再於同一處栽培。**

蠶豆的播種方式

於10～11月上旬，將會發芽的「種臍」部分斜斜地朝下。

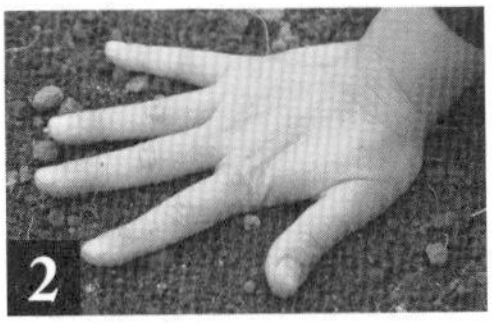

插進大約2公分深的土裡，接著覆土約2公分高之後，用手輕輕壓實。

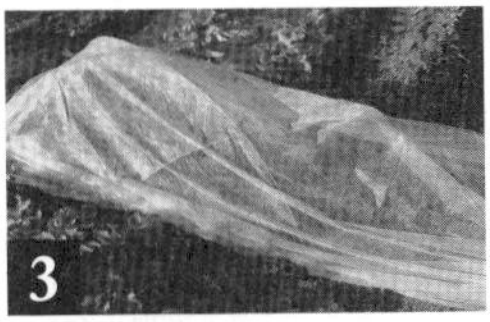

在本葉快要長出之前，都須留意鳥害，並蓋上防鳥網加以保護。

Q 預防蘿蔔「根部分叉」有什麼訣竅嗎？

A 深耕數次，而且種子下方的泥土不能摻有肥料。

根部分叉是因為直根前端的生長點因為某些原因損傷，使得前端出現分叉。所謂的某些原因，意指未熟堆肥或是前作殘渣等有機物，在土壤中分解時產生氣體，以及根部遇到肥料時，細胞內的溶液與土壤溶液之間的養分濃度不同，導致細胞損傷，還有因耕盤層泥土堅硬，致使根部生長點損傷等等。

為避免這些情形，**應去除土壤中的小石頭、稻草渣、粗大堆肥、前作殘體、雜草等等，正如同日文俗語「蘿蔔十耕」所言，應確實深耕之後，再行播種。**

為使蘿蔔、牛蒡、紅蘿蔔能朝下筆直生長，在耕土淺的菜圃或是排水不佳的菜圃種植時，須將土壤堆高築成高畦，盡量確保耕土夠深。前作一直種植蔬菜以及肥沃的菜圃裡，不需要再加入堆肥及基肥。最後一次的疏苗作業結束後，再於播種條之間追肥。在整個田畦施氮肥的話，蘿蔔不會長出筆直的直根，因此在加入基肥時，應在播種溝之間掘溝加入基肥，且避免種子下方有氮肥存在。

蘿蔔的收成方式

外葉下垂時即為收穫適期，須握住葉片基部再拔起來。太晚收成的話，會容易空洞化。

泥土太硬或是有小石頭時，很難種出漂亮的白蘿蔔。

Q 怎麼種才能讓洋蔥容易貯藏？

A 晚一點移植幼苗，並在2月底前完成追肥。

洋蔥的球莖是葉片基部肥大的部分，一般所謂的球莖「頸部」，就是在老葉包圍下中間變細的部分，呈中空狀態，這裡會成為病原菌的入侵口，所以想要種出貯藏期間不易腐敗的洋蔥，關鍵便在於種出球莖頸部緊實的植株。因此**應挑選晚生品種，延遲收成時間（大半莖葉倒伏後再收成）**，追肥則須在2月中完成，最慢應避免肥料仍在發揮作用的狀態下收成。

另外在種植時容易因切根蟲或甘藍夜蛾的損害發生欠株，所以應在菜圃一角預備幼苗，以便補植。生育期間發生灰霉病等真菌時，應避免密植，並藉由適當株間（10～15公分）加以預防。

洋蔥的收成方式

逐一拔起來收成。

超過半數的植株莖葉倒伏後，即可採收。

洋蔥的病蟲害

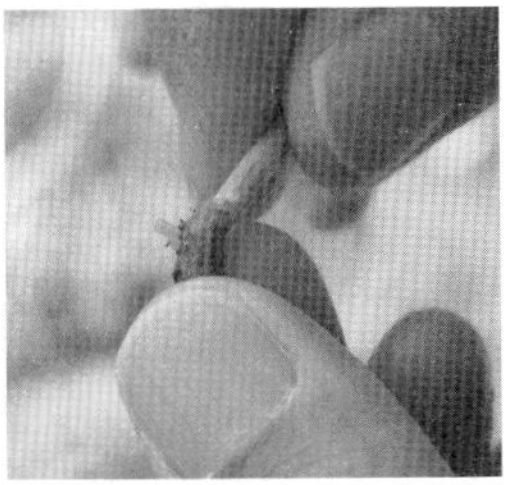
有蔥蠅的幼蟲跑進去的植株。洋蔥算是病蟲害較少的作物，可藉由預防措施，再加上早期發現早期處置來加以防治。

Q 聽說種洋蔥重點在於幼苗要夠大嗎？

A 種植幼苗的大小，將左右會不會抽苔。

洋蔥隨著生育的同時，植株會變大，長到一定程度的大小之後，一旦遭遇低溫（10℃以下），花芽將分化，發生抽苔的情形。對於低溫的敏感程度因品種而異，即便為相同品種，愈大株的幼苗愈是敏感，在短暫的低溫期間就會長出花芽。一旦發生抽苔情形，種球的中心部位就會有花莖貫穿，將對品質、收成量造成極大損害。

因早期播種及早期移植，使得生育情形進展迅速時，容易發生抽苔現象，因此種植時須選擇適合栽培地區氣候的品種，或是慎選種植時間，特別留意幼苗的大小。幼苗太小的話，在冬季期間無法完全將根部擴展開來，因此在春天便無法順利地茂盛生長，而無法收成理想的洋蔥，因此以植株根部白色部分粗4～5公分的幼苗最為理想。

洋蔥的移植方式

洋蔥幼苗並非愈大愈好，且培育方式也要多加留意。

挖出深約 3 公分的洞。

將 1 個個幼苗種入深度足以遮蓋根部的土壤中。

由左右側覆土。能夠稍微看得見幼苗白色部分即可。

Q 為什麼青江菜無法長成正常的形狀？

A 因為葉片過於擁擠或栽植過密，導致日照不足的關係。

青江菜偏好冷涼的氣候，但是夏天也能栽培。另外在低溫下種植會長出花芽，在長日照下花莖則會伸長，因此春天容易抽苔及開花。原本青江菜就長得不高，且底部（葉下部）圓弧狀擴張的葉片會緊密聚集，一但長出花芽，形狀就會走樣。高溫下栽培時，底部節間則會伸長，使得圓弧狀不太會擴張開來，變成細長的形狀。節間伸長在短日照的情形下也會發生，所以栽植密度（畦距與株間）也要特別留意。另外在秋冬期間長時間種在菜圃裡的話，莖葉根部的白色部分會變厚實，口感會變粗糙，美味度也會大減。**想要種出適當的外形，須仔細疏苗，營造生長的空間，尤其春天切記應盡早疏苗，避免葉片擠在一起。**

青江菜疏苗的方式

視不同成長階段進行疏苗，以免葉片互相觸碰。

疏苗後須在植株根部仔細培土。

青江菜

盡早疏苗才能種出正常外形。

Q 為什麼番茄採收之後要摘掉下葉？

A 為了改善通風，防止老葉成為病蟲害的感染源。

番茄通常會單株種植，當莖頂長出花芽後，將不再繼續抽高，並從旁邊長出分枝。分枝長出3片葉子之後，就會長出花芽，並停止生長，然後再從旁邊長出分枝，反覆這樣的生長模式，所以乍看之下，1枝主枝好像會一直生長的感覺（※）。

觀察分枝單位，會發現每3片葉子供養1個果房，**花房收成之後，與其相對應的3片葉子也就結束任務了，沒有用途的葉子會急速老化枯萎，成為病蟲害的巢穴，假使不去理會這些葉子，恐會造成二次感染，因此須予以摘除。**

待花房所有果實收成之後，再將這些花房下方的葉片摘除，使完成採收的花房下方，沒有留下任何葉片。

番茄的收成方式

待所有番茄變紅後，即為收穫適期。將果柄的莖節彎折90度，把番茄採收下來。

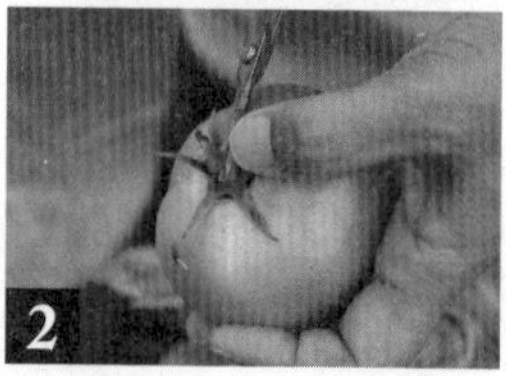

將果柄剪短，以免損傷其他果實。

番茄下葉的處理方式

每次收成結束之後，將結束收成的花房下方葉片剪下來處理掉。葉片留在植株上會造成植株損傷，且會導致病蟲害。

※ 分枝的葉子從外觀上會覺得在花房上方長出1片，下方長出2片。

Q 為什麼番茄須在適當時期摘芽？

A 為了確保日照、通風、分配適當養分等問題。

單株栽培時會立起支架支撐植株，但是考量到支架的長度、栽培期間、手能到達的高度，會在一定高度進行摘心，以免番茄長得太高。在摘心之前，**從葉片基部長出來的側芽須全部摘除，維持單一主枝生長的狀態，藉此防止養分被枝葉吸收，促使主枝生長，果實飽滿。**

側芽摘除後的傷口太大的話，會成為病原菌入侵之處，因此摘除時不能造成太大傷口。不過側芽長出後，根部也會大量往外擴張，因此須趁幼苗還小時，一長出來便加以去除，以阻礙生育，不過最好等到側芽長至5～10公分後再加以去除，超過5～10公分的話，則須用剪刀去除。

為番茄立支架

番茄會長高，因此須立支架協助生長。請將長210～240公分的堅固支架，用力插進土中架好。

番茄誘引與摘芽方式

每次枝幹抽長時，就要誘引至支架上。

須在側芽頂端碰到支架之前，將所有側芽摘除。

Q 為什麼番茄摘芽不用剪刀而要用手摘除？

A 因為用手摘除的傷口痊癒速度快，不容易傳染病原菌。

因害蟲啃咬、栽培管理作業或是強風等因素，導致植物本體出現傷口時，病原菌便容易入侵，包括去除側芽時的傷口，也是其中之一。**用剪刀摘芽的話，除了刀尖會傳染病原菌之外，還會損傷切口處的細胞，所以傷口的痊癒速度會變慢；反觀用手摘芽的話，導致病原菌入侵的風險將低於使用剪刀摘芽，傷口也不會遭受損害，因此容易痊癒。**

摘芽時用手握住靠近側芽前端的部分，再用另一隻手指撐住靠近莖部側芽的部分，用彎折的方式扯下來，即可將側芽摘下，且手也不會觸碰到傷口。

另外生病的植株須最後摘芽，之後再將手洗乾淨。摘完芽的部分須立即乾燥，因此切記要在晴天時摘芽。

用手摘芽

番茄摘芽時不能使用剪刀，須用手折下來。用手摘芽傷口才不容易有病原菌入侵，可加快痊癒速度。照片上就是摘芽後的傷口正在逐漸癒合。

番茄的授粉方式

1 輕輕敲打花房加以搖晃，以方便授粉。

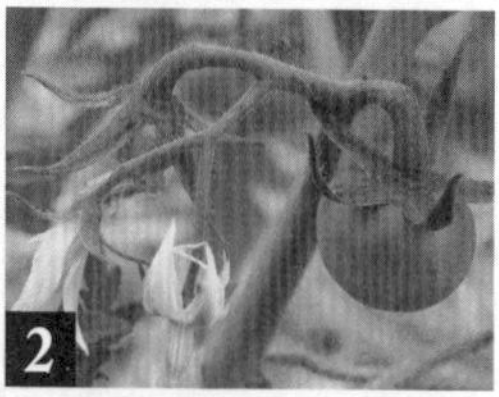

2 應在第一花房的第一顆果實長至大約 50 圓硬幣大小之後進行追肥。

Q 為什麼番茄要與韭菜一起種比較好？

A 韭菜根部繁殖的細菌可避免番茄染病。

植物根部的周邊（根圈），會有以植物根部排泄物質為餌食進行繁殖的微生物棲息著。這些根圈的微生物當中，除了存在病原菌之外，也會有防止病原菌作亂的微生物，稱作「拮抗菌」。

棲息在韭菜根圈當中的拮抗菌，會對導致番茄染病的萎凋病菌與黃萎病菌產生拮抗作用，因此番茄不容易發生土壤傳播性病害。單獨栽培番茄的話，利用相同餌食的微生物便會增加，使得微生物種類單純化，病原菌也會增加，因此容易染病，但是將雙子葉植物的番茄與單子葉植物的韭菜一起種植之後，各自會排出不同物質，因此聚集的微生物也會不同，增加根圈微生物的多樣性，藉此可回避微生物種類單純化的情形，因此只要將番茄與韭菜一起種，就能順勢防止病原菌的增加。

再者，韭菜除了能與番茄一起種之外，還能與茄子、青椒等茄科蔬菜作搭配；蔥則能與小黃瓜、西瓜、南瓜等葫蘆科蔬菜一起種，都能獲得不錯的效果。

番茄與韭菜

番茄與韭菜一起種植之後，番茄將不容易發生土壤傳播性病害。
韭菜還能與茄子、青椒等茄科蔬菜一起種；小黃瓜、西瓜、南瓜等葫蘆科蔬菜，則可與長蔥一起種植，都能看出不錯的成效。

Q 番茄長過頭了，比人還高怎麼辦？

A 主枝長到支架高度之後，就要將主枝頂端剪掉。

主枝長到支架高度，或是長到手快要摸不到的高度時，花房應該已經長到第五段或第六段了，**因此請在最上方的花房上方保留2片葉子後，用剪刀將主枝頂端剪掉（摘心）。摘心後多少還是會長芽，因此摘心位置可用花房數量來決定。小番茄的摘心位置，可將第八～九段視為最頂端也沒問題。**

待主枝頂端的新芽長大後才摘心的話，會導致尻腐病等影響果實結實，因此須趁新芽還小，且莖部仍細時進行摘心，這樣傷口才不會太大，也容易盡速癒合。摘心後，可放任後續長出的側芽不予理會，以維持根部的活力。如果種植的是小番茄，還能享受從側芽收成的樂趣。

番茄的摘心方式

番茄的摘心位置

當番茄長至眼睛高度之後，須將頂端摘除，使番茄停止長高。接下來再放任側芽生長即可。

Q 蔥何時培土比較好呢？

A 以葉身分歧點為準，配合往上生長的葉片進行培土。

為了使蔥的蔥白部分抽長，通常會進行培土作業，但是幼苗深埋在地底下並無法長成健康的長蔥，因此應在挖出深約20公分的土溝後，再將幼苗置於底部，然後沿著日照佳的那側土壁，輕輕蓋上土壤至足以遮掩根部即可。**葉身分歧處為生長點，因此不能埋入土中。**之後為防止乾燥及製造空氣層，會將稻草插入至分歧處。接下來的覆土作業，須視蔥的生長情形進行，蔥的根部偏好空氣，會不斷往上生長，所以追肥要施加在培土的上方部位。第一次培土，在幼苗存活下來且立起時，以稻草能遮蓋的程度即可，日後再配合成長速度，將白色部分掩埋起來。培土頻率為1個月1次左右，至收成前須進行3～4次。追肥則到第二次即可。

長蔥的覆土方式

移植2週後，進行第一次的追肥與培土。

在步驟1完成後1個月，進行追肥與培土。另一側同樣需要追肥與培土。

接下來，在步驟2完成後2～3週進行培土。

收成前30～40天，進行第4次培土。

Q 種茄子為什麼要有3根主枝？

A 因為這樣才能確保葉數以負荷果實，並維持生長趨勢。

茄子的莖會像灌木一樣，根部也會變粗擴張開來。茄子的植株強健，大多會長期栽培，因此造就出很多不同的整枝方式。相對於番茄每3葉會長出1個花房，茄子則是每2葉長出1個花房，而且每個花房的果實數量大多只有1個。此外，種茄子時會將正在肥大的小型未熟果採收下來，因此**每1葉的果實負荷較番茄小，相對於番茄1根主枝的栽培方式，種植茄子時通常會培育出3根主枝**。想使栽培時間拉長時，可培育2～4根主枝，藉由誘引、整枝、摘心及更新整枝等作業，避免生長趨勢走衰，以便繼續收成。好比從春天開始露地栽培，栽培期間比較短的時候，不能強行整枝，應培育出3根主枝，並在果實收成後，適度地更新修剪掉雜亂的枝幹即可。

番茄的摘心方式

1 幼苗移植後，立起暫時支架加以誘引。

2 待幼苗長高後，立起2根1.5～2公尺的堅固支架。

3 茄子繼續長高後，再加上1根支架，使3根支架能平均立穩。

4 使枝幹以植株根部為中心，往3個方向均衡生長。

Q 為什麼撒米糠就能抑制茄子的病害？

A 增加與茄子親和性佳的好菌，抑制病原菌的增殖。

目前已知，葉子表面會有黴菌、酵母、細菌等眾多微生物棲息。而米糠內含適量的磷及氮，會成為這些微生物最佳的餌食，使葉面的微生物變得更加豐富。

這些微生物能分解葉片的分泌物以及剝落細胞等物質，維持葉面清潔，因此有許多微生物都與共存植物的親和性佳。

而且這些微生物還會與病原菌爭奪營養成分，**對病原菌產生拮抗作用，甚至有些葉面微生物還能釋放出抗菌物質，保護植物不會受到病原菌侵犯。**再者即便將米糠撒在通路上，也能使土著菌增加，有助於預防疾病。

鋪稻草

茄子不耐夏季乾旱，所以當日照變強後，須鋪上稻草，以防高溫及乾燥情形。

撒米糠

在稻草上撒上一薄薄一層米糠之後，即可抑制疾病。

Q 為什麼茄子初次結果須趁小採收？

A 為減輕負荷，以便長時間維持良好的生長趨勢。

茄子需要長期栽培，因此必須在生育初期養成足以長期生長的體力。定植後1個月左右就會開始結成果實，但是果實在生育初期變大的話，將對植株造成極大負擔，導致生長趨勢走衰，以致於栽培途中出現頹勢。

因此**生育初期的果實，尤其是第1次的結果須趁小採收，以減輕植株的負荷。**橢圓形的茄子在第1顆果實長到6～7公分長、70公克左右時，就要採收下來。正式採收時，也要在幼果長到100公克左右後趕緊採收，絕對不能讓果實長大，長得太大會導致成長趨勢變差，即便開花了也會凋謝。每次都趁幼果時採收下來的話，落花情形會減少，最後才有助於大量收成。

採摘第1顆果實

植株還小，因此須將第1顆果實採收下來，或是趁早採收，以免營養被果實吸收，凡事以植株的成長為優先。

下葉的處理方式

收成第1顆果實時，將第3節主枝以下的葉片摘除，改善通風情形。

Q 茄子為什麼首重誘引與側芽摘心？

A 為預防過度茂密所導致的日照不良、營養不足。

茄子會長出側芽進而分枝，接著從分枝（側芽）又會同樣再長出分枝，並且分別開花。**不去理會分枝的話，果實會無限制地長出來，生長趨勢將會衰退，使得果實變小，還會落葉，很快便會死亡**。這是因為莖葉混雜照不到太陽，離主枝距離遙遠的分枝無法吸收到營養的關係，**為了預防這種現象，一定得要進行誘引及側芽摘心等整枝工作**。確定哪3根是由靠近植株基部的地方分枝出去的主枝之後，由主枝長出的分枝須留下1朵花，在這朵花上方保留1個葉片，其他部分都要進行摘心作業。待這個分枝的果實收成之後，需留下1～2片葉子再更新整枝，讓剩餘葉片的葉腋長出分枝，並使之結果。重覆上述步驟後，主枝長出來的分枝就不會過長，可防止過度茂密的情形。

茄子分枝（側芽）的管理方式

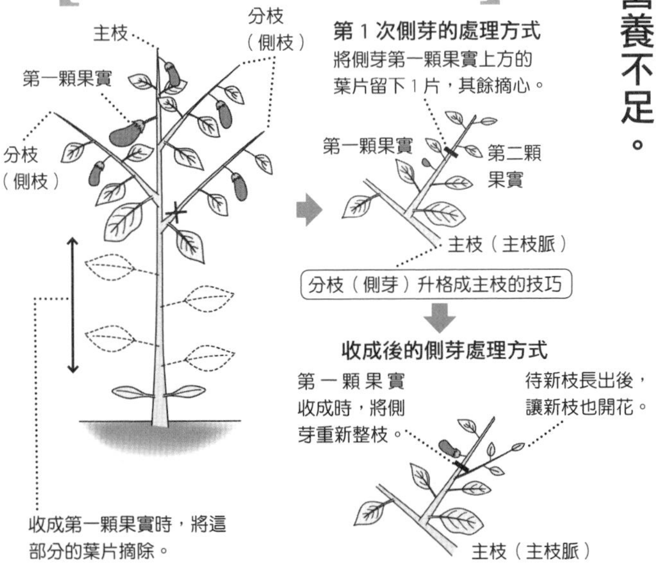
主枝
分枝（側枝）
第一顆果實
分枝（側枝）
收成第一顆果實時，將這部分的葉片摘除。
第1次側芽的處理方式
將側芽第一顆果實上方的葉片留下1片，其餘摘心。
第一顆果實
第二顆果實
主枝（主枝脈）
分枝（側芽）升格成主枝的技巧
收成後的側芽處理方式
第一顆果實收成時，將側芽重新整枝。
待新枝長出後，讓新枝也開花。
主枝（主枝脈）

Q 為什麼紅蘿蔔播種後無法順利發芽？

A 播種前後仔細壓實，種子才能一同發芽。

紅蘿蔔的發芽率較其他根莖類的種子低，夏天需要1週時間才會發芽，嚴寒時期甚至得花上1個月。秋冬栽培時，一般會在梅雨時期播種，但是最理想的播種時間，則是在梅雨快要結束前，下過雨的隔天，等到雨停後再撒水澆濕土壤以備播種，但是**最重要的關鍵，還是在播種前後壓實土壤**。播種時請用角材等工具按壓土壤，將播種溝壓出來。播種並覆土後，可從上頭用鋤頭刀刃的背面等處用力按壓，或是用腳踏一踏後再仔細壓實。紅蘿蔔在發芽時需要大量氧氣，因此覆土不能太厚，但須讓種子與土壤緊密結合，以便吸水。播種後可放置稻殼小心地預防乾燥，假使連續好幾天放晴的話，在發芽前每天都要在上午撒水。

【紅蘿蔔的播種方式】

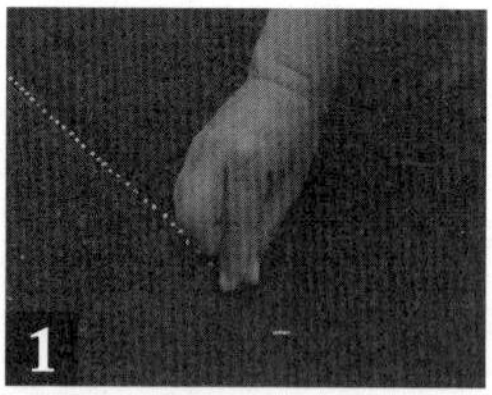

條播後由兩側覆土約5公釐高。

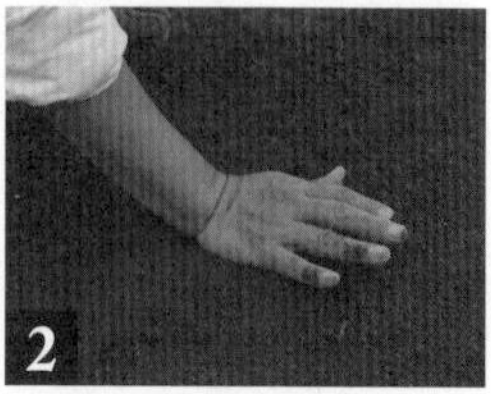

由上往下仔細壓實。

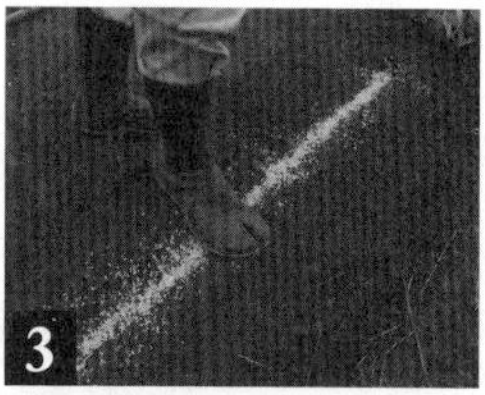

均勻撒上稻殼，再由上往下仔細壓實。

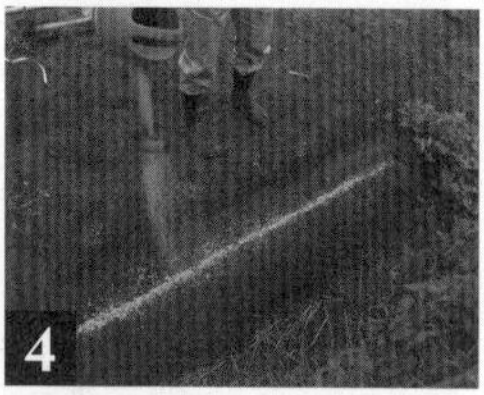

大量澆水，至發芽前土壤都不能乾燥。

Q 為什麼紅蘿蔔重視初期生長情形？

A 初期吸水力弱，生育不順利時容易發生裂根。

紅蘿蔔（繖形科）喜水，因此須適度維持土壤水分，否則不會發芽，但是水分並不是愈多愈好，過濕也會影響發芽率。此外紅蘿蔔的葉裂片深且面積又小，因此葉片常會混雜在一起，條播後在生長初期會使幼苗「彼此競爭」，所以須隨時維持葉片會相互碰觸的間隔，並留意不要過度疏苗。但是**未勤於疏苗又會因為爭奪日照的問題，使得紅蘿蔔變細小**，此時便需要篩除過小的幼苗，以及生育過佳的幼苗，保留中等大小的幼苗即可，而且**最終應使株間維持10～15公分的距離，因此在這之前須勤於疏苗**。完成最後疏苗後，播種溝之間需中耕，並在植株根部培土，以免紅蘿蔔上方露出土壤。

疏苗及覆土

本葉長出3～4片時，疏苗成4公分的間隔。

疏苗後覆土掩埋。

本葉長出5～6片時，疏苗成10～15公分的間隔。

追肥後稍微將兩側耕犂一下，再於植株基部培土。

Q 白菜葉片一直向外張開，該如何是好？

A 於適當時間播種與大量堆肥的菜圃裡，須維持足夠的株距。

一般白菜會在秋天播種，成長初期葉片會向外張開，進入冬天之前葉片才會開始往上長。在生長點附近的狹小空間會有許多葉片展開，並且緊實地長在一起結球起來。所以**一開始會長出又大又強壯的外葉，並藉由外葉製造的營養展開新葉，否則不會結球**。再者太晚播種的白菜，發芽後沒多久長成幼苗時，如果面臨12℃以下的低溫適1週的話，將會長出花芽使葉片停止分化，這樣便無法長出足夠的葉片數量了；反觀太早播種的白菜，則會遭受病害蟲侵犯。因此**須視選擇品種與地區，在適當時期播種**。還有，當葉片急速增加時，應適度施肥及澆水來加以因應，另外為形成根群擴張開來，還需要肥沃的土壤以及充足的株間（條距60公分、株距40公分）。

葉片展開的處理方式

白菜要遇到低溫才會好吃，但也必須設法因應霜害，所以會捆束起來。

將往外張開的葉片集中在中央。

將葉片上方部位用麻繩等束起來，避免接觸到外部空氣，這樣就能在菜圃裡保存1～2個月。

Q 韭菜種下去後能夠每年採收嗎？

A 每隔3～4年分株一次的話，就能一直種下去。

韭菜是蔬菜中少見的多年生植物，耐寒能力很強，能以休眠狀態過冬。就算在半日照的環境下也可以成長，是一種生命力很強，種起來完全不需要訣竅的簡單作物。建議大家在空出來的菜圃種韭菜，或是種在菜圃邊緣用來水土保持。春天播種的話應在3月，秋天則最好在9月，將種子播種於穴盤中；春天播種的種子要等到6月，秋天播種就則等到隔年4月，再以15公分的間隔，將大約5棵幼苗一起移植到同一處。春天播種的話到隔年春天為止，秋天播種的話到隔年9月為止，都要讓苗株好好長大，不能採收。在這之後，待幼苗長到了20～25公分長，便可以從地際處3～4公分高的地方割下來採收。第一次採收由於葉子較硬，通常會直接丟掉，之後每年約可採收4～5次。經過3～4年後，會因為植株生長過密使得生育情形走衰，因此須在早春時將植株挖起來，每5～6株重新種在一起，以後便能繼續採收了。

韭菜的栽種注意事項

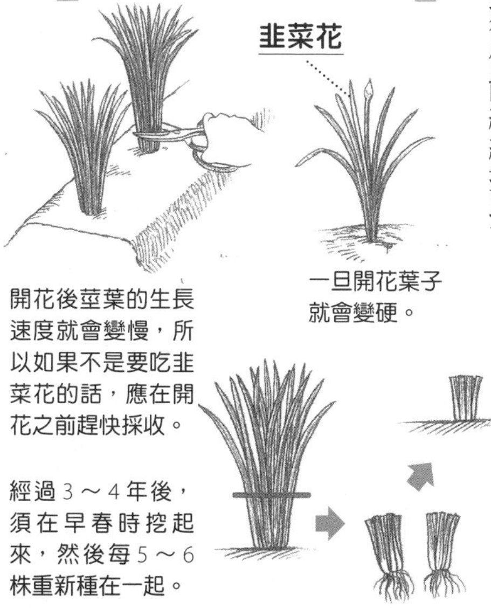
韭菜花
一旦開花葉子就會變硬。
開花後莖葉的生長速度就會變慢，所以如果不是要吃韭菜花的話，應在開花之前趕快採收。
經過3～4年後，須在早春時挖起來，然後每5～6株重新種在一起。

Q 有何訣竅能夠長時間栽培羅勒？

A 讓羅勒長出許多側枝，並在開出花蕾前摘心預防老化。

羅勒好高溫，在露地的栽培期間只有5月左右～10月左右為止。若於4月底購入本葉長至4～6片的市售幼苗移植的話，就能長期栽培。羅勒在每節主枝都會有2片葉子對生，長至10節（20葉）後就會在莖頂開出花苞。側枝會從主枝各節的葉腋長出來，和主枝一樣，都會在長出固定數量的葉片後，於前端長出花苞，但是從最下面一節長出來的側枝會長出最多葉片，愈往上葉片數量愈少，並在節數少的地方開花。**主枝長至5～6節（葉數10～12片）後須摘心，側枝也需適度摘心才會長出二次側枝，因此隨時都能採收到最佳賞味時機的葉片。但是羅勒開花後葉片會變硬，因此須不斷採收嫩芽以免老化。**

［摘心］

摘心後須追肥，待側芽長至20公分後即可收成順便摘心。

［避免長出花穗］

一旦長出花穗，莖葉就會變硬，有損風味，也會停止生育，因此長出花穗後就要馬上摘掉。

Q 為什麼不能讓青椒長得太茂盛？

A 因為根淺容易倒伏，且枝幹纖弱容易折斷。

青椒枝幹容易折斷裂開，因此想要種出完美的青椒，須讓青椒呈現俐落的4根主枝，而且長出第一朵花之後，下方的側芽須完全去除。青椒會從花朵部分開始分枝，所以只要留下從第一顆果實的基部長出來的側芽，以及從第二次分枝長出來的側芽，共4根側芽即可，使這些側芽成為生長到最後的主枝。支架須立起3根，並在第一顆果實附近以120度角交叉，上方呈放射狀立起，而且切記須勤於誘引，以免枝幹折斷。側芽也會開花，所以請留下1～2朵花後進行摘心，且從側芽也能收成青椒。側芽混雜的部分，以及太晚收成長大的果實都要去除，從下方再三長出來的側芽也要摘除，整枝後才能避免枝葉繁雜，避免因地上部分的植株重量而倒伏，也能陸續長出新芽，放任不理的話，植株雖會開花，卻不容易結實。還有**定植後不久的幼苗由於枝幹仍很脆弱，會因為強風大雨而折斷，為預防這種情形，也需要支架支撐**，因此定植後同一時間須將暫時支架斜插進土裡，以穩固幼苗，避免被風吹得搖來晃去。

立支架與整枝

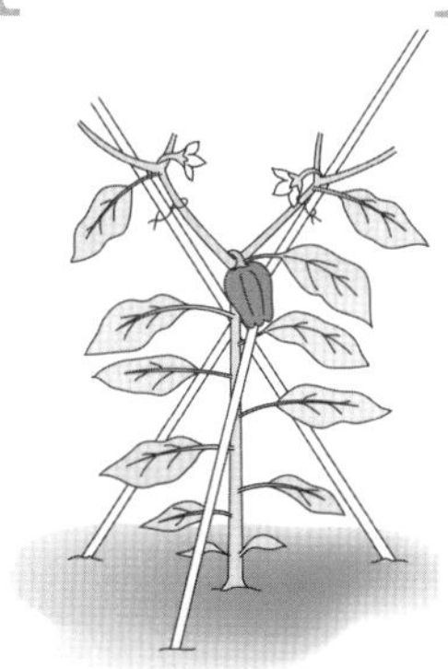

青椒會在長出第一朵花時分枝。分枝成2根枝幹後，會再次分枝，變成4根枝幹，因此會形成4根主枝。倘若第一分枝就分枝成3根枝幹的話，可直接利用這3根枝幹種植。

Q 為什麼青椒要用剪刀採收？

A 因為枝幹容易折斷，以免收成時搖晃到植株。

青椒與茄子和番茄一樣，同屬好高溫的作物，而且對於高溫的需求比茄子、番茄更高，但是**根細且莖葉的強韌度及耐暑性不佳，栽培時需要細心呵護**。

待本葉長出11～12片後，在長出新葉的生長點會長出花芽。一旦開花後，在開花部位就會分枝成2枝，每個枝幹的第1節又會開花，然後從這個部分再分枝成2枝，接下來又會在第1節開花後分枝，反覆這個模式。

青椒會在枝幹分枝處結實，因此收成時若用手去拉扯，或是大力搖晃枝幹的話，枝幹便會折斷，於枝幹分枝處裂開，因此**收成時務必用剪刀剪下來**。

收成

收成時務必使用剪刀。盡早收成植株才不會疲累。

第三分枝（③）以後，保留2根分枝中較粗的1根，使所有分枝變成4根。接著在較細的分枝上留下3片葉子後摘心，並收成第一顆果實。

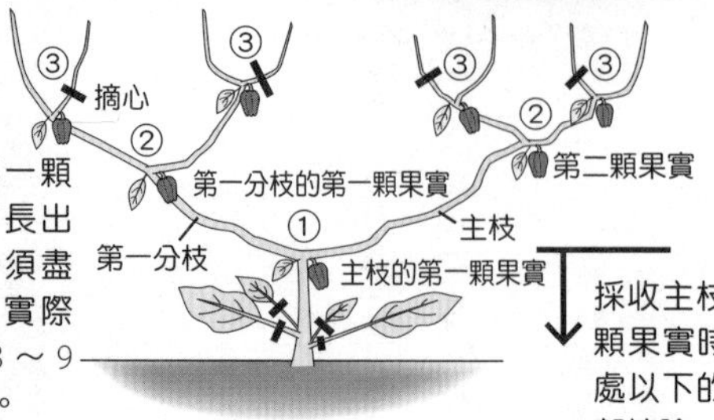

在主枝第一顆果實下方長出來的葉子須盡早摘除（實際上會有8～9片葉子）。

採收主枝的第一顆果實時，將此處以下的葉片全部摘除。

Q 為什麼長梗青花菜須用手採收？

A 這樣才不會損傷剩下的側芽，預防收成時引發疾病的傳染。

長梗青花菜是將青花菜，與莖花皆可食用的十字花科蔬菜混種而成的新型蔬菜。長梗青花菜不同於青花菜，包含花以及具有蘆筍風味的莖部都能食用，會盡早將頂部花蕾進行摘心，使側芽大量長出來，等到莖部（側枝）抽長後，再採收頂端的花和莖部。**頂部花蕾的摘心作業，會以剪刀以斜剪的方式進行，但在收成側枝時，由於枝幹長得相當密集，因此刀尖會損傷周圍的莖部，所以會用手來採收。**此時會在莖部稍微變硬，一折就斷的地方折下來，藉此預防從傷口處傳染疾病。另外為使傷口容易乾燥，通常會在晴天的上午進行採收。用手不容易採收時，可使用剪刀剪下來，但須留意不能損傷其他的莖部。

長梗青花菜的收成方式

1 將頂部花蕾剪下來後，側芽就會長出來。

2 採收時用手將長出來的側芽折下來，這樣傷口才容易癒合，不容易染病。不過也能使用剪刀採收，只是須斜斜地剪下去，以免水分囤積在傷口處，才能降低染病的風險。

Q 為什麼長梗青花菜要盡快採收頂部花蕾？

A 藉由頂部花蕾的摘心，可增加側枝數量。

長梗青花菜側枝的莖和頂端的花蕾皆可食用。養分會大量聚集在前端頂部花蕾的地方，因此只要頂部花蕾一直存在，側枝就會長得不好。雖然頂部花蕾也能食用，但是**主要收成部分在於側枝，因此為增加側枝數量，須盡早在莖部仍未抽長時採收下來**，這樣就能與摘心一樣，看出相同的效果了。

大致上等到頂部花蕾長到直徑2～3公分大之後，就可以在距離前端5公分的位置下刀剪下來，否則在太低的位置下刀採收的話，側枝的數量會減少。幼苗移植後50～60天即可收成頂部花蕾，且最好在側枝長到20公分以上，花蕾長到10圓硬幣大小後，就要進行採收。

盡早將頂部花蕾摘心

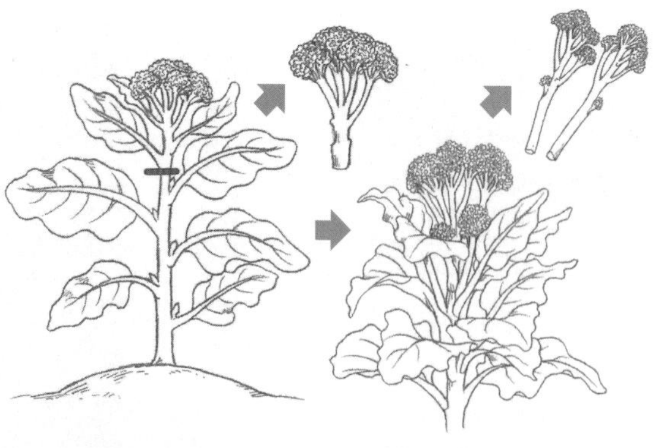

頂部花蕾長到50圓硬幣大小之後，立即剪下來收成，好讓側芽盡快長出來。

側枝長到20公分後就要採收下來。

Q 菠菜為什麼首重挑選品種？

A 每種品種的生態不同，會影響到栽培時間與品質。

目前許多栽培的品種，多是將東洋品種的基因加入西洋品種中的「雜交固定種」，以及西洋品種與東洋品種的「一代雜種（F1）」。東洋品種的葉緣缺刻深，西洋品種則是沒有缺刻的圓形葉片。

栽培時，二者對於日照長短的感受性不同，這點將大大影響品種的選擇。菠菜須在長日照及低溫下才會誘發花芽分化，且長日照的效果最佳。東洋品種較西洋品種敏感，會在植株仍小時發生「抽苔」現象；西洋品種的抽苔時間較晚，不容易受到長日照影響，方便種植，因此擷取了這個優點的交雜種，才會如此普及。**交雜種的菠菜當中，抽苔時間也會有快有慢，因此須視季節慎選品種。**

所謂抽苔，就是開花的莖部抽長了，抽苔後新葉會停止分化，老葉會停止生長，對風味造成影響。

Q 為什麼菠菜種了一段時間之後葉片會變黃？

A 在PH值低的酸性土壤中，會缺乏磷肥導致葉片變黃，對生育情形造成不良影響。

明明施肥了，葉片卻還是變黃時，就要懷疑是否缺乏磷肥。磷肥在火山灰土壤和酸性土壤（低pH值）中，會與土壤中的鋁等成分簡單結合，變成不易溶解的化合物，因而無法作用於蔬菜上。即便施肥了，固定於土壤中的磷肥還是無法被蔬菜吸收，所以會出現磷肥不足的現象。就算土壤中存在容易被吸收的水溶性磷肥，假使根範圍太小的話，吸收量就會變少。**菠菜是最受不了酸性土壤的蔬菜之一，容易出現低pH值所導致的磷肥不足現象，因而容易發生葉片變黃以及生育不良的情形。**但是利用石灰等矯正酸性時，又會導致土壤劣化，因此一般人並不會這樣做，最好施加牡蠣殼粉或堆肥等有機物，逐步改善土壤的pH值。

正常植株與不正常植株的差異

在酸性太強的菜圃或排水不佳的菜圃裡種出來的菠菜，葉片會變黃，且生長情形不理想。

右側為正常植株，左側為極端生育不佳的植株。

Q 有何訣竅能種出好吃的花生？

A 關鍵在於初期除草，以及開花前與開花半個月後須中耕及培土。

花生正如其名，會在開花後於花朵根部長出名為「子房柄」的藤蔓（雌蕊的前端）伸入地面，形成豆莢。**花生會鑽入土中結實，因此為方便子房柄進入土中，必須進行中耕及培土。**第一次須在開始開花之前，在土壤表面進行中耕，並在植株基部培土。第二次在第一次完成後的15～20天，子房柄開始大量鑽入土中之後，再從植株上培土。

此外，**屬於豆科的花生在播種後也必須設法防止鳥害**，1個地方各撒2顆種子，並覆土約3公分後，須仔細壓實再以不織布等披覆。另外花生在初期生育時生長速度緩慢，因此在本葉長出4～5片之前，須**勤於除草，否則會長滿雜草**。

栽培花生的訣竅

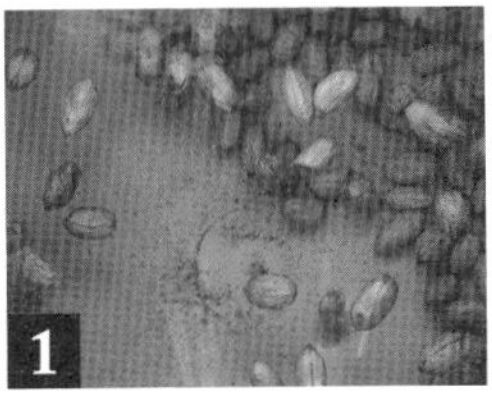
1 從種殼中取出，浸泡在水中一天一夜，使種子吸飽水分。

2 防禦鳥害，在本葉長齊之前，須以防鳥網或不織布保護。

3 本葉長齊疏苗後，2週1次在植株根部輕輕耕土及培土。

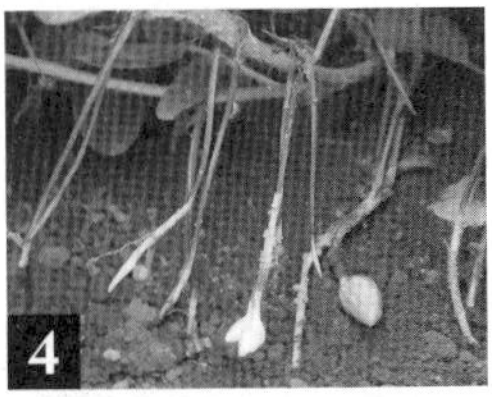
4 開花後子房柄會鑽入土中。

Q 有何訣竅能種出好吃的櫻桃蘿蔔？

A 發芽後在條溝施肥，趁柔軟時盡早採收。

櫻桃蘿蔔也稱作迷你蘿蔔，如在生育適期20～30天左右即可收成，算是極早生的蘿蔔。

櫻桃蘿蔔生育期間短，屬於適合初學者，又容易種植的蔬菜，一年到頭皆可栽培，但是由於偏好冷涼氣候，因此建議在春天及秋天種植。

肥料如果跑到植株下方會阻礙發根，影響根部的生長情形，因此應避免在整個田畦施肥，發芽後在本葉長出約1片時，可在播種溝之間挖溝施肥。櫻桃蘿蔔與小蕪菁一樣，都須使幼苗彼此競爭才會長大，再依序疏苗，保持適當的間隔，而且覆土也是很重要的一環。由於櫻桃蘿蔔愈小顆愈柔軟，吃起來愈美味，因此當地際處的根部直徑長到2公分左右之後，就要依序採收。

疏苗與覆土

1 全部發芽後，在本葉長出2片時，疏苗成2公分的間隔。

2 疏苗後，在植株根部培土。

3 本葉長出3～4片時，疏苗成3～4公分的株間，再追肥及培土。

4 本葉長出4～5片時，疏苗成6～7公分的株間，再追肥及培土。

Q 為什麼結球萵苣不會結球？

A 因為氮肥過多導致外葉異常，或是養分不足造成內葉長不出來。

萵苣結球時會先長出外葉，其次內部的嫩葉前端才會往內側捲起來，以相互擁抱的形式逐漸捲起，隨著內部葉片愈長愈多，才會形成飽滿的結球。因此在葉片往上生長時使葉片數量增加，以及使葉片外形呈現葉寬比葉長長的圓形以便捲起來，還有葉片基部的葉子要大到能夠彼此重疊，都是很重要的關鍵。在日照不佳以及夜溫過高的情形下，葉片會長成縱長形，使結球速度變慢。氮肥過多的話，外葉數量將明顯增加，使得內部葉片變少，抑制往上生長的情形；反觀養分不足將阻礙葉片生長，因此無法進行結球的準備。總而言之，**播種後約45天就會開始結球，但是氣候、土壤及營養條件不適當時，將無法順利結球。**

追肥

移植後2～3週，在植株周圍以苦楝粕追肥即可。

收成

結球後，用手觸碰感覺有點變硬時，就可以收成了。

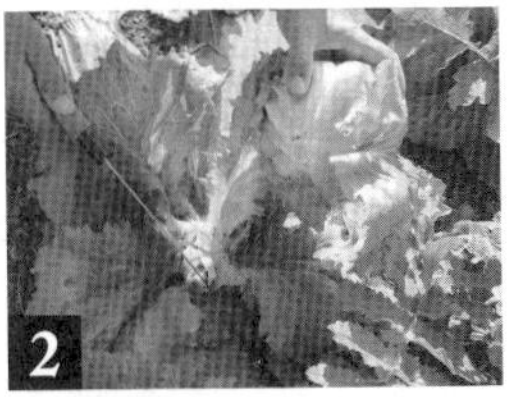

結球後就會不耐寒，因此須在降霜前採收，而且從切口分泌出來的白色汁液須擦除乾淨。

Q 如何種植紅蔥頭的種球？

A 種植種球插入土中時，使種球上方部位稍微露出土壤即可。

紅蔥頭不會長出種子，因此會從種球（葉鞘部位肥大後的鱗莖）發芽進行栽培。種球會有好幾層薄外皮包覆，長在基盤（生根的部分）上，因此須用手搓揉去除外皮，同時加以分割，將移植的種球準備好，**否則包著外皮會延遲發根速度**。小種球可以每2～3顆結合在一起，大種球則分成1顆顆，且分割時須留意平均分配基盤（發根部位）。栽植密度以條距60公分、株間20～25公分為宜，且須讓種球頂端稍微露出土壤。移植後須大量澆水，並鋪上稻草防止水分自土壤蒸發，等到新芽超出稻草後，再將稻草移除。**只要土壤一乾燥生育情形就會變差，導致分株變少，收成量減少，因此須適度澆水。**

【移植與覆土】

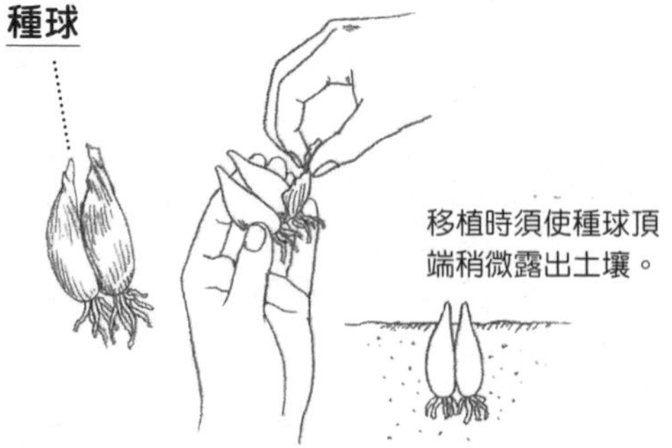

小心地去皮，分割成2～3顆小種球或1顆大種球。

Chapter 4

用有機無農藥栽培種出安全又安心的蔬菜

有機無農藥栽培與減農藥栽培，
適合無須斤斤計較成本問題，
方便細心管理的家庭菜園。
希望大家都能種出安全又安心的蔬菜。

Q 何謂「有機無農藥蔬菜」？

A 意指使用有機質肥料，不使用農藥栽培的蔬菜。

過去消費者健康意識抬頭，在那個年代只要使用了「有機蔬菜、無農藥蔬菜、ORGANIC蔬菜、有機農產品」等名詞，即可增加蔬菜的附加價值，但是現今在法律規範下，須經由第三者驗證機構認證，才能在認證食品上標記「有機」或「ORGANIC」等文字。

這條法律名為JAS法（農林物資規格化以及品質標示適當化之相關法律），載明「基本上應避免使用科學合成肥料以及農藥」等規定。

但是JAS法畢竟是「商業用的農產品規格」，規定「不得使用未經指定的資材」，因此還是可以使用生物農藥。

由於家庭菜園或是自給自足的蔬菜並不需要標示，因此無法強制規範。

事實上雖說是「有機無農藥」，還是能依照實際栽培者的理念、生活方式以及生活信條等，採行各種不同的栽培方式。

栽培的方法

有機無農藥栽培

・不使用農藥　・不使用化學肥料

※ 由於必須確實養土，因此需要花費時間。但是不求完美，逐步進行即可。

無農藥栽培

・不使用農藥
・適度使用化學肥料

※ 依照品種及栽培方式，進行病蟲害的防治。負擔會稍微小一些。

減農藥減化學肥料栽培

・依據現狀減量使用農藥
・依據現狀減量使用化學肥料

※ 逐步減少農藥及化學肥料用量。視現狀逐步進行，也是最符合現實考量的作法。

Q 有機無農藥蔬菜與市售蔬菜有何不同？

A 市售蔬菜大多會使用化學合成農藥及肥料。

市售的蔬菜為確保一定的商品水準，通常會使用化學合成農藥，這是為了使病蟲害的情形幾乎無法從外觀上辨別。

因此，市售蔬菜的外觀一般都很漂亮，且大小均一。此外，一旦大小尺寸等條件不符合標準，就很難賣到批發市場上。

另一方面，不使用農藥栽培蔬菜時，會披覆防蟲網抑制害蟲飛來，或是利用天敵降低害蟲的密度，以及靠手抓害蟲加以捕殺、栽培耐病品種等等，藉由栽培方式以和緩手法防治病蟲害。**只不過利用這種方法種菜的話，多少還是會殘留下病蟲害的痕跡。**能夠容忍至何種程度因人而異，這類蔬菜主要以直接銷售或產地直銷等，即所謂自產自銷的方式，在能與消費者面對面溝通的地方進行販售。

有機無農藥栽培的注意事項

- 首重適地適作的問題。
- 改善環境以適合作物栽培。
- 不使用化學農藥。
- 不使用化學肥料。
- 主要利用植物性堆肥進行養土。
- 適度栽培多種蔬菜。
- 搭配共榮植物。
- 培育綠肥作物等蔬菜以外的植物。
- 病蟲害應早期發現早期防治。
- 愛護天敵。

有什麼訣竅能夠成功栽培有機無農藥蔬菜嗎？

A 使菜圃重現自然生態。

有機無農藥蔬菜的栽培，並非從慣行農法的資材中剔除農藥，改用有機質肥料取代化學肥料。

最大特色在於維持多樣植物、小動物、微生物等共存的環境，在其中衍生出自然生態，藉此活用自然生態所形成的物質（營養成分）及能量的自然循環。並非為了一時收穫而剝奪自然資源的農業，而是在自然生態下培育蔬菜，使蔬菜栽培成為資源循環的一環，這種栽培方式才能種出有機無農藥蔬菜。自然生態原本就是有機無農藥的環境，無須特別做些什麼，大自然（尤其是土壤）本身便具有培育作物的能力。

想在山裡種菜的人，一定要利用山中落葉製成堆肥，山裡也是有益微生物的寶庫。

進行有機無農藥栽培時，須珍惜青蛙以及長腳蜂等天敵的存在。

從事有機無農藥栽培有什麼具體方法嗎？

A 有三大關鍵，就是「自然循環」、「多樣生物」、「無化學農藥及化學肥料」。

想要轉型成有機無農藥栽培，只從慣行農法（現代日本的一般農業）中去除化學農藥及化學肥料是行不通的。

想要進行有機栽培，必須營造接近「森林的生態環境」，例如「自然循環（掉落地面的枝葉會經土壤生物分解）」、「生物多樣性（許多生物及多種植物共存）」、「無化學農藥及化學肥料（不使用化學合成的產品）」等等。因此須執行重視培土與多樣化的農法，諸如施行堆肥、善用綠肥作物、進行間作、混作、輪作、避免深耕（蘿蔔及紅蘿蔔等根莖菜除外）、少用肥料等等。

最近市面上已開發出忌避劑及有機肥料等資材及農具，有機農業相關研究不斷在進展當中。大家可參考多方資訊，再採用符合栽培環境及個人理念的有機栽培方法。

向森林的生態環境學習具體的有機栽培方法

森林的生態環境		有機栽培
地表會覆蓋有機物	→	施加堆肥。善用綠肥作物。以稻草或乾草覆蓋。
有許多生物共存	→	不隨意撲殺生物（無化學農藥）。善用忌避劑。
生育多種植物	→	進行間作、混作、輪作。善用綠肥作物。
無須耕土	→	避免深耕
無須施肥	→	減少肥料

Q 哪些蔬菜適合有機無農藥栽培？

A 栽培時最重要的就是選擇適合季節的蔬菜。

春天開始栽種的蔬菜，以能在梅雨前完成採收，栽培期短的蔬菜較為合適，好比小松菜、蕪菁、菠菜、高麗菜、青花菜、蘿蔔、紅蘿蔔等等；夏天至秋天這段時間種植的蔬菜，以能耐梅雨季及夏季暑熱的蔬菜為宜，諸如茄子、青椒、辣椒類、番茄、苦瓜、南瓜、西瓜、黃麻菜、皇宮菜、莧菜、芥蘭等等；自夏末至秋天開始種植的蔬菜，包含耐寒的高麗菜、青花菜、白菜、萵苣、紅蘿蔔；入秋後則適合培育小松菜、菠菜、茼蒿、蘿蔔等等；能夠一整年種植的蔬菜，以地瓜、芋頭、蔥等蔬菜較為恰當。

無論什麼蔬菜，都須視品種，有些適合有機栽培，有些並不適合有機栽培，不過歷史悠久的品種較新品種更適合有機栽培，例如F1品種的老品種，以及固定種就比較為合適。話雖如此，並不是這些品種隨便挑選都適合有機栽培，有些要在特定氣候及土壤條件下才能發揮特性，因此請詳閱種子外袋上的說明加以判斷。

不耐疾病的蔬菜，最好選擇耐病品種才容易栽培。所謂的「耐病品種」，意指具備病原菌密度低時不容易染病，即便感染了也不會很快發病，就算發病了症狀也很輕的特性，並不是絕對不會染病的意思。此外例如「番茄抗葉黴病基因」這樣的標記內容，是指針對特定病原菌具有抵抗力，並非對所有的病原菌都有抵抗力。

適合有機無農藥栽培的蔬菜主要有下述幾種

春天開始栽培

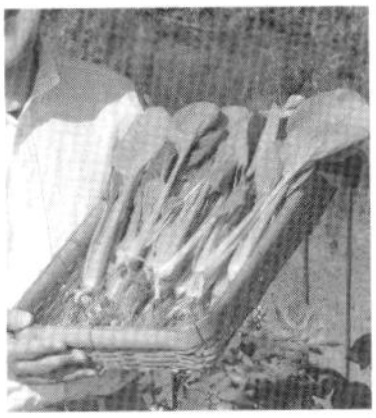
小松菜

蕪菁

迷你紅蘿蔔

蘿蔔

夏天至秋天開始栽培

番茄

皇宮菜

茄子

迷你青椒

夏末至秋天開始栽培

高麗菜

長梗青花菜

迷你白菜

結球萵苣

入秋後開始栽培

茼蒿

菠菜

全年栽培

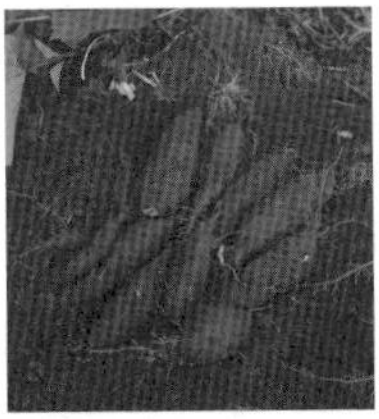
地瓜

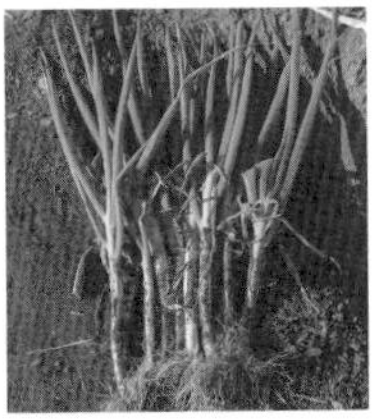
蔥

Q 哪些肥料或堆肥適合有機無農藥蔬菜？

A 建議使用「發酵有機肥料」與「植物性堆肥」。

有機質肥料種類繁多，但是**請使用來歷清楚，且形狀及狀態穩定的產品**，其實市售的有機質肥料大多能在某種程度達到上述這2點要求。

動物性肥料的原料當中，會包含魚粉、骨粉、食用肉品加工後的肉粉、蝙蝠糞土等等；植物性肥料的原料當中，則包含將玄米精製時產生的米糠，以及大豆、油菜籽、棉籽等油脂分離後剩下來的油粕，還有草木燃燒後的灰燼所形成的草木灰肥料等等。

相較於化學肥料，有機質肥料的優點在於肥效緩慢且持久，缺點則是氮、磷、鉀的均衡度不佳，在分解途中會產生熱及氣體，因此有阻礙發芽及造成根部損傷之虞。所以**應將數種有機質肥料平均混合後，發酵成「發酵有機肥料」，才能成為方便使用的有機質肥料。**

堆肥也有很多種，例如以牛糞、豬糞、雞糞等家畜糞便堆肥，還有樹皮、落葉堆肥，更有以剪枝、廚餘及食品殘渣等作為原料製作的堆肥。

採行有機栽培時如要施用堆肥，應先了解當地山區林地的土壤特性，因此首重使微生物等土壤生物多樣化，以及落葉堆肥等有機物能被分解循環成蔬菜的營養成分。**一般認為，植物需要的營養成分在植物身上都找得到，因此以植物作為主要原料的堆肥，可說是最恰當的肥料。**

方便使用的用土及有機肥料

各種培養土

野菜の培養土

利用盆器栽培時，最好使用以有機原料原主的培養土，但須留意價格過於便宜的培養土。

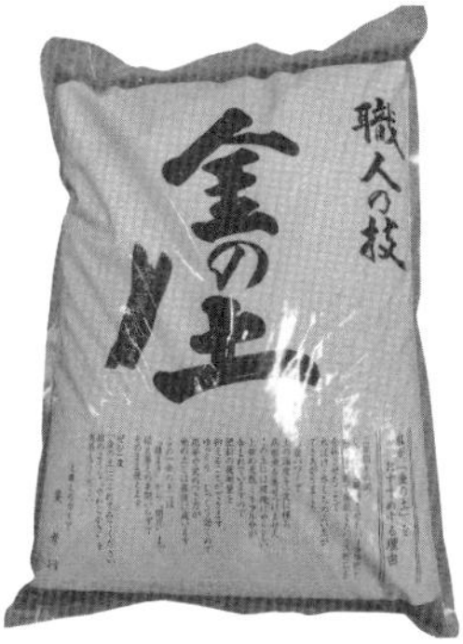

金の土

僅使用有機資材作為原料，屬於盆器專用的培養土，經養土後即可反覆使用。

有機堆肥

バーク（BAAKU）堆肥

以樹皮為主要原料，再經發酵而成的土壤改良材料。應使用完熟後的產品。

各種固態肥料

PREMIUM BIO-ACE

具極佳土壤改良效果的微生物肥料。混入泥土中即可活化土壤。

銀の有機

有機質原料發酵而成的發酵有機肥料。內含比例較高的氮，適用於初期生育需要肥料的葉菜類蔬菜。

金の有機

有機質原料發酵而成的發酵有機肥料。內含比例較低的氮，適用於需要肥效緩慢釋放的瓜果類蔬菜。

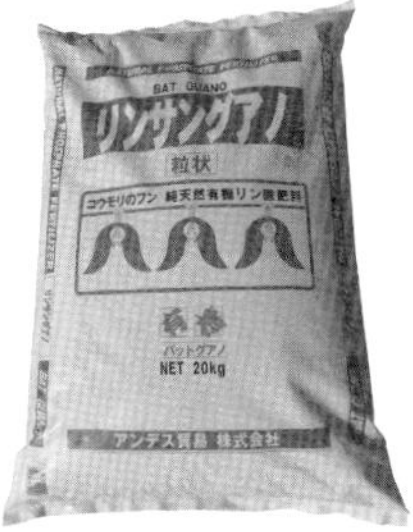

リンサングアノ（有機BATGUANO）

草木灰肥料

各種液肥

ネイチャーエイド（NATURE AID）

以玉米為原料的液肥。富含胺基酸，可灌注於土壤中，也能噴灑於葉面。須加水稀釋成 100 ～ 300 倍後再行使用。

有機栽培能與農藥併用嗎？順便請講解有何注意事項？

A 除了化學合成的農藥之外，其餘農藥皆可使用。

雖然不能與化學合成農藥併用，但是可與微生物農藥一同使用。目前市面上已開發出各類產品，例如利用枯草菌之一的細菌釋放毒素蛋白製成BT殺蟲劑，還有一種微生素農藥能使細菌在害蟲體內增殖，進而侵入雜草內部堵塞導管使之枯死等等，相信今後還會有更多的微生物農藥將開發出來。

但是**未必能單方面區別某種昆蟲是否為害蟲，某些雜草是否非綠肥作物，因此雖說是微生物農藥，長期使用或是大量使用以求見效的話，就長遠的眼光來看，對於有機無農藥蔬菜的栽培終將造成不良影響。**

各種生物農藥使用範例

	病原體	農藥名稱	病蟲害對象
殺蟲劑	病毒	斜紋夜盜蟲核多角病毒殺蟲劑	斜紋夜盜蟲
	菌絲狀真菌	Verticillium lecanii 殺蟲劑	粉蝨類、薊馬類
	天敵	Aphidoletes aphidimyza 殺蟲劑	蚜蟲
	天敵（線蟲）	Steinernema carpocapsae 殺蟲劑	斜紋夜盜蟲等等
	細菌	BT 蘇力菌	蝴蝶、蛾的同類
殺線蟲劑	細菌	Pasteuria penetrans 殺線蟲劑	線蟲
殺菌劑	病毒	Zucchini yellow mosaic virus-weak strain	小黃瓜的疾病
	菌絲狀真菌	Coniothyrium minitans 殺菌劑	高麗菜及青蔥等蔬菜的疾病
	細菌	Pseudomonas fluorescens 殺菌劑	白菜、高麗菜、青花菜等蔬菜的疾病

菜園位在有使用農藥的市民農園旁，這樣會受到影響嗎？

A 會有影響，須設法解決。

如果隔壁有市民農園會使用農藥的話，農藥恐飛散過來。原本使用農藥便須依照蔬菜種類及栽培方法，再仔細判定要去除哪些病蟲害、農藥的濃度、散布位置及方式、使用次數、噴灑後多久採收等細節。類似市民菜園或家庭菜園，通常會多種類少量栽培時，其實很難遵守農藥使用規定再進行噴灑。倘若擔心農藥會從隔壁飛散過來，便須設法因應，尤其在收成期間以及快要收成時，都要格外留意。

除了擔心食用安全之外，還須考量到會對天敵及土壤微生物等方面造成影響，應防止有機無農藥栽培的蔬菜，在無意間曝露於農藥之下。

建議可在與鄰地邊界處條播2～3條高度較高的綠肥作物加以因應，這樣多少能防止農藥飛散過來。例如麥類不會形成日陰，很適合種在這裡作為綠肥作物，不要拿來食用即可。

另外**如能事先得知農藥噴灑的時間，可在那段期間設置塑膠布隧道棚，即可防止蔬菜曝露在農藥之下。**

利用麥類作屏障

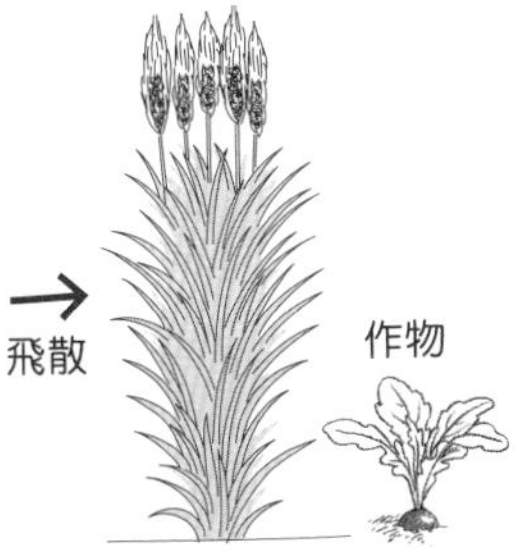

如果知道鄰地會使用農藥，可在邊界處種麥類之類的綠肥作物，減少曝露在農藥底下的機會。

Q 如何種菜才能不使用農藥？

A 善用數種應對方式，實現無農藥栽培。

採行適合自己的無農藥栽培法

專業農家若想藉由無農藥栽培種菜來賣，困難度很高，以自家消費為前提的家庭菜園，才有可能進行無農藥栽培。只不過想要進行無農藥栽培又要兼顧作物品質的話，一定有許多工作得做，但是並不需要全盤皆備，在容許的環境及時間下，無須過於神經質，在合理範圍內輕鬆完成工作即可。

想要做到無農藥栽培，有下述幾個方法。

◇**健全地培育作物。**
◇**直接捕殺處置害蟲。**
◇**善用共榮植物。**
◇**保護天敵。**
◇**建構自然生態。**
◇**利用各樣資材。**

◇健全地培育作物

在適當環境、適當時間栽培作物，作物就會健康生長，不會染病。我們無法完全防止害蟲飛來，但是如能建立起自然生態，種植綠肥作物作為屏障，將環境整頓好，就能防止害蟲大量發生。

◇直接捕殺處置害蟲

首先盡可能環顧整個菜圃，早期發現病蟲害早期處置，才是最根本的作法。發現病蟲害後，請立即將這些部位去除，這樣大部分就不會演變成致命傷了。例如切根蟲等害蟲啃食根部時會造成致命傷害，但是只要早點發現被害植株，將這些害蟲找出來加以捕殺的話，被害程度就會僅止於這1株蔬菜。

許多疾病會從葉背及地際處發生，因此要針對這些部位仔細檢查，發現葉部病害後，可將這片葉子摘除，或是去除病害部分加以因應，早期處置就能免於造成致命傷害。在地際處發生的疾病最是致命，因此須將該株植株拔除，連周邊泥土也要挖除，以防感染到其他植株。

通常害蟲及病原菌會在一瞬間蔓延開來，因此須留意像是從地際處倒伏、葉片變黃、葉片上有小孔（食害的痕跡）等與平時不同的狀態，致力於早期發現。

◇善用共榮植物

可積極運用共榮植物。所謂的共榮植物，意指在附近棲息的植物能對彼此的生育帶來益處，目前已知，共生植物在蔬菜栽培方面能抑制病蟲害，還能改善養分。

舉例來說，小黃瓜與蔥可一起栽培，蔥根部會有防止病原菌的拮抗菌繁殖，這些細菌能抑制小黃瓜的病原菌作亂，尤其對小黃瓜的蔓割病效果極佳；將番茄與韭菜種在一起的話，於韭菜根部繁殖的拮抗菌，將可抑制番茄土壤傳播性病害的萎凋病之病原菌，不過此時須使兩種植物的根部彼此接觸，否則看不出效果，因此須進行混植使兩種植物的根部互相交纏。

另外還能利用植物的相剋作用。是指「植物釋放出來的化學物質，會對其他植物、動物、微生物造成阻礙，或是促進某些作用形成的現象」，中文譯作「相剋作用」。就像加拿大一枝黃花會使其他植物無法生存，因此可利用這個現象栽培蔬菜。例如在蘿蔔的前作種植萬壽菊，即可防止泥土中線蟲的增加，且以會開出大型花朵的「萬壽菊」、會開出許多小花的「孔雀草」、不會開花的「Evergreen」等品種最為見效。

◇保護天敵

還有一種方法，就是善用本地天敵。好比蚜蟲為蔬菜的害蟲，而七星瓢蟲就是吃蚜蟲的天敵。想要避免蚜蟲變多，就得增加七星瓢蟲的數量，但是如果沒有害蟲作為天敵的餌食，天敵便無法生存，也不會增殖，而且七星瓢蟲還會被鳥類及其他昆蟲吃掉。所幸自然界會妥善調整二者間的平衡，僅有某種昆蟲大量增殖的情形是十分罕見的。

栽培蔬菜時如想善用天敵，須使天敵存活以備害蟲發生。因此菜園周圍可種些禾本科的綠肥作物，例如栽培高粱，就能使天敵在這裡生育，這個方法在栽培茄子時，無論是有機農業或慣行農業，都非常實用。只要從高粱長出薊馬類昆蟲及蚜蟲類昆蟲，天敵獵蝽類昆蟲便會增殖，但是長在高粱上的蚜蟲並不會長在茄子上，因為天敵會將長在茄子上的蚜蟲吃掉，而積存這些天敵的作物，便稱作「天敵棲息植物」。

作為天敵棲息植物的作物，首重不能與蔬菜存在一樣的害蟲，由於不同科的作物基本上就算同樣會有蚜蟲寄生，也會分屬不同種類，所以經常利用蔬菜當中較少的禾本科作物作為天敵溫存植物。此外，高粱在這種情形下還能作為屏障，誘使薊馬類飛來，有助於減少飛往茄子的機會。

類似的作法，還有「吸引益蟲植物」。這種方法是引來蔬菜害蟲的天敵，使之成長，並維持數量。舉例來說，當天敵獵蝽類昆蟲將作為餌食的蔬菜害蟲薊馬類昆蟲吃光之後，將無法增殖導致數量減少，這樣一來，又會變成薊馬類昆蟲增殖使得蔬菜損害情形加劇。因此薊馬類昆蟲被獵蝽類昆蟲吃掉之後，在秋葵莖葉形成珍珠狀的分泌物，即可供獵蝽類昆蟲食用。因此栽培秋葵，就能使獵蝽類昆蟲以這種分泌作為餌食，得以生存與增殖，進而長期發揮身為薊馬類昆蟲天敵的效果。

◇建構自然生態

想以無農藥栽培作物，須避免一個菜圃僅單種一種蔬菜這種單一耕作的栽培方式，應以在菜圃中營造宛如大自然的穩定生態環境為前提，使多樣動植物、微生物共存。形成完全穩定的生態環境需要一段時間，但是切記應朝向這個目標努力進行。

◇利用各樣資材

在生態環境穩定之前，會發生某種程度的病蟲害，因此想要有效解決病蟲害，可利用耐病品種及抵抗性品種、使用嫁接苗、運用隧道棚等被覆資材，藉由物理性的方法將害蟲與蔬菜隔離。

此外在利用防治資材的同時，還必須盡量設法不要影響到天敵及環境。諸如非化學農藥的微生物農藥，以及食用醋及小蘇打等被指定為安全性較高的特定農藥，還由經實驗證實成效頗佳的苦楝樹萃取液等等。

生活樹　生活樹系列 070

種菜の趣味科學

野菜作り「コツ」の科學

作　　者　佐倉朗夫
譯　　者　蔡麗蓉
總 編 輯　何玉美
主　　編　紀欣怡
責任編輯　林冠妤
封面設計　張天薪
版型設計　葉若蒂
內文排版　許貴華

出版發行　采實文化事業股份有限公司
行銷企劃　陳佩宜．黃于庭．馮羿勳
業務發行　張世明．林踏欣．林坤蓉．王貞玉
國際版權　王俐雯．林冠妤
印務採購　曾玉霞
會計行政　王雅蕙．李韶婉
法律顧問　第一國際法律事務所　余淑杏律師
電子信箱　acme@acmebook.com.tw
采實官網　www.acmebook.com.tw
采實臉書　http://www.facebook.com/acmebook

I S B N　978-957-8950-90-0
定　　價　330 元
初版一刷　2019 年 3 月
劃撥帳號　50148859
劃撥戶名　采實文化事業股份有限公司
10457 台北市中山區南京東路二段 95 號 9 樓
電話：（02）2511-9798　　傳真：（02）2571-3298

國家圖書館出版品預行編目資料

種菜の趣味科學 / 佐倉朗夫著 ; 蔡麗蓉譯 . -- 初版 . -- 臺北市 : 采實文化 , 2019.03
面 ;　公分 . -- (生活樹系列 ; 70)
譯自 : 野菜作り「コツ」の科学
ISBN 978-957-8950-90-0(平裝)

1. 蔬菜 2. 栽培 3. 有機農業

435.2　　108000637

采實出版集團
ACME PUBLISHING GROUP